Cambio Climático
para principiantes

Vlado Mirosevic Verdugo

Cambio Climático para principiantes

Guía básica sobre causas y efectos de la emergencia climática

RiL editores

Cambio Climático para principiantes
Guía básica sobre causas y efectos
de la emergencia climática
Primera edición: octubre de 2021

Sede Santiago:
Los Leones 2258
cp 7511055 Providencia
Santiago de Chile
(56) 22 22 38 100
ril@rileditores.com • www.rileditores.com

Sede Valparaíso:
Cochrane 639, of. 92
cp 2361801 Valparaíso
(56) 32 274 6203
valparaiso@rileditores.com

Sede España:
europa@rileditores.com • Barcelona

Composición e impresión: RIL® editores

Impreso en Chile • *Printed in Chile*

ISBN 978-84-18982-27-9

367.73 Mirosevic Verdugo, Vlado
M Cambio Climático para principiantes. Guía básica sobre causas y efectos de la emergencia climática / Vlado Mirosevic Verdugo. – – Santiago : RIL editores, 2021.

104 p. ; 15 cm.
ISBN: 978-84-18982-27-9

1 CAMBIOS CLIMÁTICOS. 2 ANÁLISIS DEL IMPACTO AMBIENTAL. 3. RESPONSABILIDAD AMBIENTAL

Dedicado a Donald Trump.
Su arrogancia no nos quitará nuestra esperanza.

(Este libro fue escrito antes de que el virus COVID-19 azotara al mundo)

ÍNDICE

PARTE II

PRÓLOGO

Muchas personas argumentan que la tierra ya pasó por este ciclo climático, cientos, o miles de años atrás, y, concluyen, que no hay nada de qué alarmarse. Agregan que tampoco debemos culpar a los habitantes del planeta por este hecho: «es la naturaleza… no se puede hacer nada… no seas alarmista». Estas palabras resuenan en mis oídos y me recuerdan el primer campanazo de alerta sobre este tema que compartí en 1978. Otros, y me incluyo, piensan que los seres humanos juegan un papel vital tanto en la gestación como en la solución de este fenómeno climático, a través de la economía, la política, el consumo, y las instituciones. Todos tenemos la responsabilidad –individual y colectiva– de aportar a la solución. Es un gran desafío ético. Si estamos dispuestos a hacer justicia intergeneracional con nuestros hijos, nietos, y generaciones futuras, debemos construir juntos un presente y futuro planetario colectivo. Cualquiera sea la evidencia científica que avale a uno u otro argumento, es claro que mil años atrás el planeta tenía solo 350 millones de habitantes, mientras que hoy tenemos casi 8.000 millones. Igualmente, respecto a los grandes cambios demográficos que han sufrido nuestras ciudades. Llegó el momento de tomar acciones climáticas comprometidas, y así evitar los inmensos impactos negativos en lo ambiental, humano y social.

El cambio climático no es solo una crisis ecológica. Simultáneamente, es una profunda crisis humana y social. La escasez de agua y la desertificación acelerada afecta a millones de personas, cambiando el nivel y la composición del bienestar en todos los ámbitos de las actividades humanas (ej., salud, cohesión social, integración espacial, alimentación). Los efectos más negativos lo sienten los pobres, la mujer, los adultos mayores, las minorías étnicas, y los más vulnerables; grandes cambios en los patrones de equidad. Esto necesita acciones simultáneas en lo ambiental, político, institucional, humano y social, complejizando la dimensión de «economía política» del cambio climático. Específicamente, la creación y distribución de la riqueza proveniente de nuestros recursos naturales; las estructuras de poder que surgen de los derechos y privilegios al acceso, uso, y manejo sobre estos recursos; la capacidad de resiliencia de los actores; la manera de hacer política y asignar responsabilidades; la participación ciudadana; y más.

Vivimos en la era del cuidadanismo. No hay justicia, acción, o solución climática sin la participación directa y vinculante de la ciudadanía. Esto requiere de nuevas formas de gobernabilidad colectiva, instituciones, incentivos, y aparatos regulatorios que aún no existen y, si existen, aún falta mucho camino por recorrer. El ciudadanismo y la sustentabilidad planetaria van de la mano, son totalmente interdependientes. No son una opción más. Son la única opción. Son el único camino.

Una nueva solución solo surgirá de una nueva consciencia colectiva. De una espiritualidad planetaria que cambie las mentes y estructuras de poder que hoy destruyen el planeta. Un planeta que no es una cosa sino un ser vivo, inteligente, y consciente. El nuevo paradigma del cambio climático pasa por nuestra transformación interior, para poder lograr, progresivamente, el equilibrio y la armonía entre la ecología externa y la ecología interna.

Alfredo Sfeir Younis
Doctor en Economía en Recursos Naturales.

INTRODUCCIÓN

Corría noviembre del 2015 y me encontraba en Dharamsala, un pequeño pueblo en las montañas de la India. En un monasterio budista en lo alto de un valle, me reuniría con S.S., el Dalái Lama, líder espiritual del pueblo tibetano y Premio Nobel de la Paz.

Llega al living de su casa, rodeado de monjes, me saluda cariñosamente y comienza la conversación como si nos conociéramos de toda la vida. Me recuerda que Chile queda exactamente en el otro lado del mundo, pero que, sin embargo, todos los seres humanos necesitamos el mismo aire para respirar y vivir. Sus palabras fueron sencillas pero profundas: «debemos parar el cambio climático», me dijo. «Solo ustedes, los jóvenes, pueden hacerlo».

La advertencia de este monje budista, con hoy 86 años, de reconocida sabiduría y compasión, se daban en un marco especial. Eran las vísperas de la COP21, que dio como fruto al Acuerdo de París, y las esperanzas estaban puestas en lo que podían hacer los líderes mundiales para frenar la catástrofe ambiental. Pero las superpotencias fracasaron, o peor aún, quisieron fracasar. Los acuerdos para bajar las emisiones que produce el cambio climático fueron insuficientes, y, para colmo, no fueron cumplidas.

Los efectos sobre nuestras vidas serán catastróficos. Por ejemplo, el nivel de los mares podría aumentar entre 30 a 60 m para el año 2100[1]. Otros datos afirman que la mitad de la Humanidad vive a menos de 60 km de las costas (Guadagni, 2017)[2], por lo que el escenario es catastrófico y planetario. Algunos calculan que quedarían sumergidos los territorios de 470 a 760 millones de personas[3]. Solo esta proyección cambiará nuestras ciudades y formas de vidas. Ya en 1988 la ONU advertía el fenómeno en la Conferencia de Toronto afirmando: «cuyas consecuencias podrían ser superadas solo por una guerra nuclear mundial»[4].

La situación es gravísima.

Es por eso que me tomé en serio la advertencia del Dalái Lama y ahora estoy dedicado a la aventura urgente de generar conciencia en la gente común. No confío en que los líderes de las superpotencias mundiales lo hagan por nosotros. Donald Trump, Putin, Xi Jinping o Bolsonaro, no quieren frenar el desastre ambiental. Entonces, debemos pasar de un mundo en crisis climática que elige a este tipo de líderes, a uno en donde la conciencia nacional y global rechace y evite la llegada al poder de aquellos líderes políticos que nieguen la existencia de este fenómeno.

---

1 IPCC. (2019, 25 septiembre). Las decisiones que adoptemos ahora son fundamentales para el futuro de los océanos y la criosfera. Recuperado 25 septiembre, 2019, de https://www.ipcc.ch/site/assets/uploads/sites/3/2019/09/SROCC_PressRelease_ES.pdf

2 Guadagni, A. A. G. (2017). *El cambio Climático, un desafío global*. Argentina: Editorial El Ateneo.

3 Chong, E. C. (2017, 27 noviembre). Simulaciones muestran cómo alza del nivel del mar inundaría costas de ciudades en Chile. Recuperado 10 octubre, 2019, de https://www.latercera.com/noticia/simulaciones-muestran-alza-del-nivel-del-mar-inundaria-costas-ciudades-chile/

4 Conferencia Mundial sobre la Atmósfera Cambiante. Implicaciones sobre la Seguridad Mundial. Toronto, junio 1988.

En esto hay que ser radical. No es posible que estemos frente a una de las amenazas más grandes de la historia de la Humanidad, en lo que algunos llaman la sexta extinción masiva, y que en muchas de las superpotencias –responsables de gran parte de las emisiones globales– una mayoría ponga en el poder a líderes que nieguen e incluso se burlen[5] de la existencia del Cambio Climático. No se trata solo de líderes que no escuchan las advertencias desesperadas que la comunidad científica mundial viene haciendo hace un par de décadas, sino que de frentón niegan la existencia del fenómeno. Mientras tanto doscientas especies se extinguen al día.

El 70% de las emisiones globales que producen el Cambio Climático son producidas solo por 100 compañías[6]. ¡CIEN COMPAÑÍAS! Adivinen de qué banderas son esas compañías. Entre las más contaminantes están las norteamericanas Chevron y ExxonMobil, la británica BP y la anglo-neerlandesa Shell. Como ven,

---

[5] A fines del 2018, en medio de una ola de frío en los Estados Unidos, el Presidente Donald Trump publicó un irónico e ignorante tuit diciendo «Un frío brutal y prolongado puede batir TODOS LOS RECORDS. ¿Qué ha ocurrido con el calentamiento global?». Esto haciendo alusión a bajísimas temperaturas que incluso alcanzaron los -40 ºC en algunas localidades. Luego, la comunidad científica le enrostró su profunda ignorancia. Flores, J. F. (2018, 22 noviembre). Trump vuelve a negar el cambio climático. Y los científicos le responden. Recuperado 10 octubre, 2019, de https://www.nationalgeographic.com.es/ciencia/actualidad/trump-vuelve-a-negar-cambio-climatico-y-cientificos-le-responden_13534

[6] Según el reporte del año 2017 del Climate Accountability Institute, que concentraron los datos históricos de emisiones de Gases de Efectos Invernadero desde 1988.
Disclousure Insight Action. (2017, 10 junio). New report shows just 100 companies are source of over 70% of emissions. Recuperado 10 octubre, 2019, de https://www.cdp.net/en/articles/media/new-report-shows-just-100-companies-are-source-of-over-70-of-emissions

todas petroleras. Además, también destacan la gasífera rusa Gazprom y la minera australiana BHP Billiton.

Sin embargo, Donald Trump ha insistido que todo esto se trata de un «engaño» y en 2012 dijo que «El concepto de calentamiento global fue creado por y para los chinos para hacer no competitiva a la manufactura de EE.UU.»[7]. Frente a esto no se puede ser contemplativo. Solo queda ser radical.

Porque como dijo Greta, «lo único que quedará del legado de nuestros dirigentes políticos será el mayor fracaso de la historia de la humanidad». Es un deber de mi generación ser lo más radical posible para evitar el punto de no retorno al que estamos muy cerca de llegar. Después de eso no habrá vuelta atrás.

Chile es un país pequeño. Representamos el 0,2% de las emisiones globales. Algunos creen que, por lo tanto, estamos fuera de esta discusión de «perros grandes» como me dijo un diputado en el Congreso. El problema es que Chile está en la peligrosa lista de los 10 países que más afectados se verán por el Cambio Climático.

El aumento del nivel del mar amenaza nuestras ciudades. En Valparaíso el mar se acercará hasta la avenida Brasil, en Antofagasta hasta el Estadio Regional, en Rapa Nui hasta Atanu Tekena, en Puerto Montt sobrepasará la avenida Egaña y en Punta Arenas el mar subirá hasta avenida Jorge Montt, siendo la ciudad más afectada[8].

---

7 Faus, J. F. (2017, 2 junio). ¿Qué opina Trump sobre el cambio climático? Recuperado 10 octubre, 2019, de https://elpais.com/internacional/2017/06/01/estados_unidos/1496343144_186083.html

8 Chong, E. C. (2017, 27 noviembre). Simulaciones muestran cómo alza del nivel del mar inundaría costas de ciudades en Chile. La Tercera. Recuperado 10 octubre, 2019, de https://www.latercera.com/noticia/simulaciones-muestran-alza-del-nivel-del-mar-inundaria-costas-ciudades-chile/

Y es cierto que las potencias son las principales responsables de la mayor cantidad de emisiones. Hay evidencia clara de aquello. Tal como reconoce Thomas Stocker, experto en cambio climático y miembro del IPCC, «Cada país industrializado tiene una huella de carbono tres o cuatro veces mayor de lo que debería» (El Clarín, 2018, párr. 01).

Pero este país pequeño e insular, en el sur del mundo, no tiene opción. Esta es una crisis que nos golpea directamente, a la cual no le podemos hacer el quite. Nuestra agricultura, nuestras comunidades dependen de esto. Es nuestro deber hacer algo.

Y como dijo Greta: «sé que nadie es demasiado pequeño para marcar la diferencia»[9].

Antes de continuar, mis agradecimientos a dos maestros de los que he aprendido mucho; los ecologistas Alfredo Sfeir y Fernando Salinas. Además mención especial para Felipe Pino, quien fue mi asistente en la recolección y chequeo de las innumerables fuentes científicas de este libro.

Terminé de escribir este libro en febrero del 2020, justo antes de que la OMS declarara el virus del COVID-19 como una Pandemia global. Por lo mismo la edición y publicación de este libro se retrasó y solo contempla datos previo a la Pandemia.

9 Thunberg, G. T. (2019). *Cambiemos el mundo*. Santiago de Chile, Chile: Lumen. p. 48.

SUPERPOTENCIAS: IRRESPONSABILIDAD CRIMINAL

Desde 1850 al 2005 solo cuatro naciones ricas representaban la mitad de las emisiones globales: Estados Unidos (28%), Alemania (10%), Reino Unido (6%) y Japón (4%). Y si consideramos a todos los países de ingresos altos, según el Banco Mundial, llegamos al 64% del total de las emisiones globales de efecto invernadero[10].

Sin embargo, al llegar a la Casa Blanca, uno de los primeros anuncios realizados por Donald Trump fue retirarse del Acuerdo de París, firmado bajo la administración Obama. «Fui elegido para representar a los ciudadanos de Pittsburgh, y no a los de París»[11], dijo el mandatario al hacer alusión a la ciudad norteamericana, famosa por su industria siderúrgica.

«No quiero invertir trillones y trillones de dólares en esto, no quiero perder millones de empleos. No quiero quedar en desventaja (...) No niego el cambio

[10] Banco Mundial. (2010). World Development Report 2010: Development and Climate Change. Recuperado 17 septiembre, 2019, de http://documents.worldbank.org/curated/en/201001468159913657/pdf/530770WDR02010101Official0Use0Only1.pdf

[11] La Vanguardia. (2017, 2 junio). Ocho frases de Trump para argumentar la retirada del Acuerdo de París. Recuperado 10 octubre, 2019, de https://www.lavanguardia.com/internacional/20170602/423136902689/donald-trump-frases-acuerdo-de-paris.html

climático, pero podría revertirse solo. Estamos hablando de algo que sucede desde hace millones de años», dijo Trump[12] en una entrevista con la periodista Leslie Stahl de 60 Minutes CBS.

Además Trump –desafiante–, nombró en la agencia ambiental a un negacionista climático y pareciera que su principal objetivo es retroceder en cuanto a las regulaciones ambientales del gobierno de Barack Obama.

Canadá abandonó el Protocolo de Kioto el 2011, después de la COP17. Su ministro de medio ambiente, Peter Kent del Partido Conservador, dijo a la prensa que Canadá abandonaba el Protocolo de Kioto para no pagar las multas del incumplimiento de la cantidad de emisiones.

Por su parte Estados Unidos no ratificó el Protocolo de Kioto porque el Presidente George Bush no envió el tratado al Senado para su ratificación (Guadagni & Cuervo, 2017).

Rusia tampoco siguió con el Protocolo de Kioto, justificando que «hemos declarado nuestra no participación en el segundo periodo de Kioto porque no puede garantizar el cumplimiento de los objetivos consensuados por todos los países. Esto es, evitar que la temperatura global suba por encima de dos grados centígrados hacia 2050», apuntó un consejero del Presidente Ruso[13]. Y se lavaron las manos.

---

12 El Clarín. (2018, 16 octubre). Las seis frases más impactantes de Donald Trump durante su entrevista con el programa 60 minutos. Recuperado 10 octubre, 2019, de https://www.clarin.com/mundo/frases-impactantes-donald-trump-entrevista-programa-60-minutos_0_KwUtsy_HX.html

13 EFE, E. F. E. (2011, 19 diciembre). Rusia dice que el Protocolo de Kioto no responde a sus objetivos. Recuperado 17 septiembre, 2019, de https://www.elespectador.com/noticias/elmundo/rusia-dice-el-protocolo-de-kioto-no-responde-sus-objeti-articulo-317545

Japón, tampoco continuó con el Protocolo de Kioto señalando: «No tiene sentido fijar un segundo período imponiendo obligaciones solo para un pequeño grupo de países desarrollados y que cubre el 27% de las emisiones de carbono»[14].

Como ven fue un fracaso total. Sin embargo, era predecible. Tal como me comentó un alto funcionario de Europa, «el Protocolo de Kioto nació muerto».

Después de esto, no había mucha confianza en que la respuesta viniera de parte de los líderes mundiales, y el pesimismo se hizo la tónica entre científicos y ecologistas.

---

[14] ABC. (2012, 2 abril). Japón ratifica su negativa a extender el Protocolo de Kioto. Recuperado 15 octubre, 2019, de https://www.abc.es/sociedad/japon-kioto-201012020000_noticia.html

GRETA: LA ESPERANZA DE UNA JOVEN

En medio de toda esta resignación internacional nació una pequeña voz en un frío país de Europa: la sueca Greta Thunberg. Un grito desesperado en un mundo que no quiere prestar atención a lo catastrófico del calentamiento global.

Un día simplemente no aguantó más. Fue un viernes cuando Greta decidió no ir al colegio para sentarse en las afueras del Parlamento sueco e iniciar lo que llamó la «huelga escolar» para frenar el calentamiento global. Inició esta acción sola, sin necesidad que otros la acompañaran para hacer fuerza. Se trataba de una acción personal, casi como las de desobediencia civil iniciadas por Gandhi en la India. Solo la acompañaba un letrero que decía *Skolstrejk för Klimate* (Huelga por el Clima).

Era ella sola contra el Parlamento sueco o peor aún, era ella sola -una adolescente- contra el mundo entero. Contra los líderes mundiales y contra las megacompañías responsables de las grandes emisiones. Prueba de ello es que, cuando su acción dejó de ser un acto individual y se transformó, primero, en un masivo movimiento dentro de los escolares suecos, y luego en una huelga global por el clima, Greta comenzó a ser víctima de los peores ataques en su contra.

La anti-campaña ha sido infame y a nivel personal. Los ataques en su contra no se han tratado sobre el cambio climático o sus argumentos. Más bien se han centrado en su condición de Asperger y también de adolescente. «Es como si no les quedaran argumentos, así que tienen que burlarse de mí o de mi diagnóstico o mi apariencia. En cierto modo, es una señal positiva de que algo está sucediendo. Se sienten amenazados por este movimiento. Eso significa que estamos haciendo la diferencia»[15] dijo Greta, además de reconocer que las críticas le parecen algo divertido.

Pero todo comenzó cuando Greta tenía 11 años de edad. La crisis de sobrevivencia de la especie se transformó para ella en una crisis existencial. «Empecé a estar muy deprimida, dejé de comer, dejé de hablar, dejé de ir a la escuela. Tenía que ver mucho con el cambio climático. Estaba muy preocupada, no sabía qué hacer» dijo la activista al diario español El País[16].

Cuando un político le preguntó, «¿cómo podemos involucrar a más niños en este tema?», «solo díganles la verdad», respondió Greta. «Díganles cómo es. Porque cuando descubrí cómo es en realidad, me enfurecí».

Greta ha reconocido públicamente y sin complejos su síndrome de Asperger. «Sin mi síndrome no sería posible porque probablemente hubiese sido como todos los demás y hubiese seguido adelante como todos los demás sin pensar mucho en esto», dice haciendo mención a que no ha podido dejar de pensar en los efectos del calentamiento global y cómo esto la llevó a la acción.

---

15 Weir, B. (2019, 20 septiembre). Greta Thunberg, la sabia adolescente de la crisis climática. Recuperado 10 octubre, 2019, de https://cnnespanol.cnn.com/2019/09/20/greta-thunberg-crisis-climatica-adolescente-sabia/

16 El País. (2019, 9 marzo). Entrevista GRETA THUNBERG, símbolo de las protestas por el CLIMA [Video de Youtube]. Recuperado 10 octubre, 2019, de https://www.youtube.com/watch?v=SA9g_HUhOdo

Desde que comenzó su primera *Skolstrejk för Klimate,* en agosto del 2018, todos los viernes dejó de ir a la escuela para pararse frente del Parlamento sueco. Todos los viernes. Con lluvia, con truenos o relámpagos (que hay muchos en la fría Suecia) Greta no deja de hacer lo mismo.

Frente a los 20 años en donde la comunidad científica no ha sido escuchada o simplemente ignorada por algunos líderes mundiales, surge la voz de una adolescente de 16 años. A un solo año de haber nacido, Friday for Future logró que en septiembre del 2019 la *huelga por el clima* llegara a 150 países en simultáneo y que millones de personas repletaran las calles. 1.4 millones de personas en Alemania, 300 mil en Australia y Reino Unido o 250 mil en New York. En Chile también fuimos miles los que salimos a las calles.

Cuando los ataques hacia Greta y su movimiento se intensificaron, 2 mil científicos de todas partes del mundo apoyaron públicamente la huelga estudiantil, que a esas alturas era compuesto por muchos más que solo estudiantes[17].

A pesar de ser una adolescente, Greta comenzó a ser escuchada. Habló en el World Economic Forum y en el Parlamento Europeo donde se emocionó al leer su discurso. No usaba palabras bonitas ni esperanzadoras. Iba directo al grano enfrentando a los responsables de la emergencia que amenazaba a ella y a todos nosotros.

En septiembre del 2019 Greta es invitada a la Asamblea General de Naciones Unidas para hablar en el marco de la Cumbre Climática. Cuando le tocó hablar

[17] Mills, A. (2019, 19 septiembre). Over 2000 scientists across the globe pledge to join today's climate strike. Recuperado 10 octubre, 2019, de https://www.nationofchange.org/2019/09/19/over-2000-scientists-across-the-globe-pledge-to-join-tomorrows-climate-strike/

se quebró. Lloró y su discurso estuvo cargado de angustia enfocándose en cómo las naciones han traicionado a su generación. «Han robado mis sueños y mi niñez con sus palabras huecas (...) Estamos en el comienzo de una extinción masiva»[18], dijo la joven con lágrimas en los ojos.

El video recorrió todos los rincones. El mundo le puso atención al grito desesperado de una adolescente. Pero no todos estaban muy contentos. Recuerden lo que hizo Donald Trump. Se burló: «parece una niña muy feliz que espera un futuro brillante y maravilloso. ¡Qué lindo verla!»[19], dijo irónicamente.

Claro ejemplo de cuando la sabiduría se puede encontrar en una niña y la ignorancia en un presidente.

---

18 The Clinic. (2019, 24 septiembre). Así respondió Greta Thunberg al sarcasmo que le lanzó Trump tras emotivo discurso. Recuperado 10 octubre, 2019, de https://www.theclinic.cl/2019/09/24/asi-respondio-greta-thunberg-al-sarcasmo-que-le-lanzo-trump-tras-emotivo-discurso/

19 Trump, D. (2019, 23 septiembre). [Tuit de Donald Trump] [Twitter]. Recuperado 10 octubre, 2019, de https://twitter.com/realDonaldTrump/status/1176339522113679360?s=20

EXTINCIÓN MASIVA DE ESPECIES

Una de las consecuencias más brutales del cambio climático es la extinción masiva de especies. Las especies viven en sus hábitats respectivos porque cumplen con las condiciones específicas para hacerlo y esto es resultado de una evolución que dura un largo tiempo. Sin embargo, cuando existen cambios climáticos forzados por los seres humanos, muchas especies no logran adaptarse en tan corto tiempo, debiendo migrar o en casos extremos desaparecer. Como ya dije, aquello sucede con 200 especies que se extinguen diariamente.

Según un estudio de la IPCC (como se citó en Agencia Estatal de Meteorología y Oficina Española de Cambio Climático, 2018),

> A partir de 105.000 especies estudiadas se proyecta que un 6% de insectos, 8% de plantas y 4% de vertebrados perderán más de la mitad de su distribución geográfica determinada por el clima para un calentamiento de 1,5 °C. Para un calentamiento de 2 °C sería un 18% de insectos, 16% de plantas y 8% de vertebrados. (p. 22)[20]

[20] Agencia Estatal de Meteorología y Oficina Española de Cambio Climático. (2018, diciembre). Cambio Climático: Calentamiento Global de 1,5 °C. Recuperado 12 octubre, 2019, de https://www.miteco.gob.es/es/cambio-climatico/temas/el-proceso-internacional-de-lucha-contra-el-cambio-climatico/ipcc_informe_especial_15pdf_tcm30-485656.pdf

Un ecosistema está basado en la interdependencia. Por lo que una extinción se puede ocasionar mediante un efecto dominó, dado que un organismo desaparece porque depende de otro y así sucesivamente. Las causas que más afectan directamente a la extinción de especies son el aumento de la temperatura global y la frecuencia o intensidad de los episodios de tiempo extremo. Súmele la destrucción de su hábitat.

Según la RAE, la definición de ecosistema es una comunidad de los seres vivos cuyos procesos vitales se relacionan entre sí y se desarrollan en función de los factores físicos de un mismo ambiente. En otras palabras nuestra irresponsabilidad hará que aquellos procesos vitales –naturalmente equilibrados– se distorsionen generando caos en los ecosistemas.

Según un estudio de la FAO (s.f):

> Para el 2100, los ecosistemas se verán expuestos a niveles de CO2 atmosférico sustancialmente más altos que en los pasados 650.000 años, y a temperaturas más altas que las de los últimos 740.000 años. Esto alterará la estructura, reducirá la biodiversidad y perturbará el funcionamiento de la mayoría de los ecosistemas; a la vez que comprometerá los servicios que esos ecosistemas ofrecen actualmente. (p. 33)[21]

Las amenazas a la biodiversidad son muchas y la Organización de las Naciones Unidas para la Alimentación y la Agricultura (FAO) identificó algunos: los cambios

[21] Organización de las Naciones Unidas para la Alimentación y la Agricultura. (s.f.). Consecuencias del Cambio Climático. Recuperado 9 octubre, 2019, de http://www.fao.org/3/i2498s/i2498s04.pdf

geográficos mayores como la expansión de la vegetación arbustiva a las praderas; las grande modificaciones climáticas como el pasto de bosque húmedo a seco; el aumento de incendios, sequías e inundaciones; entre otros[22].

---

22 Organización de las Naciones Unidas para la Alimentación y la Agricultura. (s.f.). [Cambio Climático]. Recuperado 24 febrero, 2020, de http://www.fao.org/3/i2498s/i2498s04.pdf

LA AMAZONÍA: ENTRE BRASIL Y LA HUMANIDAD

Según el escritor británico, George Monbiot, existen máquinas mágicas que succionan el carbono del aire, que cuestan poco y se construyen solas. Esos son los árboles. Es una de las tantas «soluciones naturales para el clima», al igual que los fondos marinos, bosques de algas, arrecifes de coral o selvas[23].

La Amazonía es una selva inmensa. Su extensión es 10 veces el territorio de Chile. Si bien la porción más grande corresponde a Brasil, existen otros siete países que son parte de esta inmensa selva.

«Los pulmones del mundo» han dicho algunos. Un lugar inmejorable para capturar grandes cantidades de carbono, sobre todo considerando que Brasil es uno de los grandes emisores globales y que según la NASA los árboles en la Amazonía retienen lo equivalente a 10 años de gases de efecto invernadero del transporte y la industria. «La naturaleza es una herramienta que podemos usar para reparar nuestro clima roto», dijo Monbiot en un *spot* para generar conciencia del diario The Guardian, en directa alusión a la necesidad de buscar respuestas a la crisis en la propia naturaleza.

---

23 The Guardian. (2019, 19 septiembre). Greta Thunberg and George Monbiot make short film on climate crisis-video. Recuperado 9 octubre, 2019, de https://www.theguardian.com/environment/video/2019/sep/19/greta-thunberg-and-george-monbiot-make-short-film-on-solutions-to-the-climate-crisis-video

Pero en Brasil gobierna Jair Bolsonaro, un líder populista de extrema derecha. Cuando asumió la presidencia declaró que las vastas tierras protegidas de Brasil eran un obstáculo para el crecimiento económico y prometió abrirlas a la explotación comercial (Symonds, 2019)[24].

Si bien Bolsonaro no es responsable de toda la amenaza a la Amazonía, dentro de su mandato, la destrucción de la Amazonas ha incrementado. Dentro de sus políticas redujo los esfuerzos para combatir la tala, la ganadería y la minería ilegales.

Según un análisis del The New York Times (2019), se descubrió que las acciones con objetivo de vigilar la deforestación ilegal se redujo en un 20% durante los primeros seis meses de 2019[25].

---

[24] Symonds, A. (2019, 24 agosto). Lo que debes saber sobre el incendio en el Amazonas. Recuperado 9 octubre, 2019, de https://www.infobae.com/america/the-new-york-times/2019/08/24/lo-que-debes-saber-sobre-el-incendio-en-el-amazonas/

[25] Symonds, A (2019, 24 agosto). Lo que debes saber sobre el incendio en el Amazonas. Recuperado 9 octubre, 2019, de https://www.infobae.com/america/the-new-york-times/2019/08/24/lo-que-debes-saber-sobre-el-incendio-en-el-amazonas/

EN SENCILLO: EL EFECTO INVERNADERO

Ahora que hemos visto una pequeña fotografía sobre las peligrosas consecuencias del cambio climático, entremos en algunas de las causas que lo producen, antes de volver sobre las nefastas consecuencias que amenazan nuestra vida.

Cuando era pequeño en Arica visitaba todos los sábados el valle de Azapa, donde mis padres tenían una pequeña parcela. Ahí jugábamos con mis hermanos Ibena y Camilo a escondernos y el invernadero era siempre mi lugar preferido para eso. Pero tenía un problema para un niño: era muy caluroso. Más caluroso aún que la ciudad de Arica.

Y claro, los invernaderos tienen la ventaja de conservar el calor en su interior, porque los rayos solares entran, pero no todos logran salir. Al igual que en el planeta, en un invernadero, la radiación entra, luego choca con la superficie, una parte es retenida y finalmente otra parte rebota o se refleja[26]. Pero a una parte de esa radiación le cuesta salir porque lo evita la estructura del invernadero, generalmente con cubierta de plástico, aumentando la temperatura interior.

---

26 En el caso de los océanos, cuando reciben la radiación solar solo reflejan el 10% de lo que reciben. En el caso de zonas de tierras pueden llegar a menos del 2%. En cambio, la Antártica es distinta. El 90% de la radiación que llega al continente blanco es reflejada. Instituto Antártico Chileno. (2018). Enciclopedia Visual Antártica. Santiago de Chile, Chile: INACH y Negro Editores.

En el planeta tierra sucede algo parecido, razón por la cual en 1824 el científico francés Josep Fourier describió el efecto invernadero, siendo uno de los primeros en el estudio de este fenómeno[27]. Si bien Fourier estimaba que un factor externo podría estar causando un calentamiento de la atmosfera, no logró relacionar la quema de combustibles fósiles con este aumento de temperaturas. Sin embargo, identificó que la atmósfera actuaba como aislante o como techo de un invernadero. Pese a esto, a fines del siglo XIX, otro científico hizo el vínculo entre ambos fenómenos y afirmó que la combustión de los combustibles fósiles, por los gases que genera, podrían acelerar el calentamiento del planeta[28]. Se trata de Svante Arrhenius, físico y químico sueco que luego ganaría el Premio Nobel de Química.

Arrhenius estudió que el ingreso de los rayos provenientes del sol penetran la atmósfera, luego chocan con la tierra logrando un porcentaje ser absorbidos y otro tanto rebota nuevamente en dirección ascendente hacia la atmósfera, pero en el camino de salida se encuentra con una capa de gases que impide su paso.

Esta capa de gases producida, en gran parte, por el hombre se conoce como Gases de Efecto Invernadero (GEI), ya que opera como el techo de un invernadero, evitando la pérdida de calor hacia el exterior. El invernadero conserva el calor en su interior y aumenta las temperaturas en la tierra.

---

27 Escribió dos artículos que le otorgan la categoría de pionero en el estudio del efecto invernadero. El primero en 1824 llamado «Observaciones generales sobre las temperaturas de la tierra y los espacios planetarios». Y el segundo texto en 1827 con el título «Memoria de las temperaturas de la Tierra y los espacios planetarios».

28 Arrhenius propuso el siguiente ejercicio: si doblamos el dióxido de carbono en la atmósfera la temperatura podría aumentar entre 5 y 6 grados celsius.

Si miramos la foto un poco más larga para evaluar la acción humana en el aumento de los gases de efecto invernadero, la fotografía es dramática: desde el inicio de la Revolución Industrial la cantidad de dióxido de carbono era de 270 ppm y hoy supera las 400 ppm. En dos siglos y medio de quema acelerada de combustibles fósiles, el CO2 en la atmósfera aumentó peligrosamente.

Figura 1. Gases de Efecto Invernadero en el tiempo. Climate Watch. 2018. Washington, DC: World Resources Institute.

Sin embargo, todavía hay interesados y mentirosos que niegan que esto sea producto de la acción humana. «(Cambio climático) podría revertirse solo. Estamos hablando de algo que sucede desde hace millones de años», dijo Donald Trump a fines del 2018 (El Clarín, 2018)[29].

Pero no. Lo cierto es que las causas son principalmente la quema de combustibles fósiles por parte de la especie humana, a través del consumo de 100 millones de barriles de petróleo al día y acelerando la desaparición del resto de las especies, entre mil a 10 mil veces más rápido de lo que sería en forma natural.

[29] El Clarín. (2018, 16 octubre). Las seis frases más impactantes de Donald Trump durante su entrevista con el programa 60 minutos. Recuperado 10 octubre, 2019, de https://www.clarin.com/mundo/frases-impactantes-donald-trump-entrevista-programa-60-minutos_0_KwUtsy_HX.html

DIÓXIDO DE CARBONO, METANO Y OTROS GASES

Entonces, sigamos avanzando en esta película de terror basada en la evidencia científica. El calentamiento global es un tipo de cambio climático. ¿Sus causas? La emisión de gases de efecto invernadero producto de la acción humana, en mayor medida de dióxido de carbono, metano y óxido nitroso. ¿Los síntomas? El aumento sostenido de la temperatura promedio de la tierra. ¿Las consecuencias? Brutales y amenazantes para la vida en el planeta, como veremos a lo largo de este libro.

Un científico miembro del panel científico de la ONU señala:

> De no mediar una reducción drástica del empleo de combustibles fósiles y, finalmente, su eliminación antes de los próximos 50 años, la catástrofe ecológica no tendrá precedentes desde la desaparición de los dinosaurios. (Barros, 2005, p. 19)[30]

[30] Barros, V. B. (2005). *El Cambio Climático Global*. Buenos Aires, Argentina: Libros de Zorzal. p. 19.

¿De dónde proviene este exceso de CO2? La FAO (s.f)31 señala que proviene del consumo de combustibles fósiles para la producción de energía y de la quema de biomasa por la deforestación.

Durante el período 2015-2019, se ha observado un incremento continuo de los niveles de dióxido de carbono (CO2) y de otros importantes gases de efecto invernadero en la atmósfera, que han alcanzado niveles récords: la tasa de aumento del CO2 fue casi un 20% superior a la de los cinco años anteriores. Este gas permanece en la atmósfera durante siglos y aún más tiempo en los océanos (Organización Meteorológica Mundial, 2019)[32].

[31] Escudero, M. I. E., & Scheelje, J. M. S. B. (2003). El Cambio Climático. Principales Causantes, Consecuencias, y Compromisos de los Países Involucrados. Recuperado 11 octubre, 2019, de http://www.fao.org/3/XII/0523-B2.htm

[32] Organización Meteorológica Mundial (OMM). (2019, 22 septiembre). El clima mundial: entre 2015 y 2019 se ha acelerado el cambio climático. Recuperado 10 octubre, 2019, de https://public.wmo.int/es/media/comunicados-de-prensa/el-clima-mundial-entre-2015-y-2019-se-ha-acelerado-el-cambio-clim%C3%A1tico

Figura 2. Emisión de Gases de Efecto Invernadero en el tiempo[33].

[33] Climate Watch. 2018. Washington, DC: World Resources Institute. Available online at: https://www.climatewatchdata.org.
PIK data: Gtschow, Johannes; Jeffery, Louise; Gieseke, Robert; Gebel, Ronja (2017): The PRIMAP-hist national historical emissions time series (1850-2014). V. 1.1. GFZ Data Services. http://doi.org/10.5880/PIK.2017.001.
UNFCCC data: UNFCCC. 2017. Greenhouse Gas Inventory Data - Detailed data by Party. Available online at:http://di.unfccc.int/detailed_data_by_party.

Muy poco se habla en general sobre los demás gases de efecto invernadero. El CO2 si bien es el que más se emite en cantidad, también existen otros que son destacables. El metano (CH4) es el segundo de mayor emisión y según Escudero & Scheelj (2003)[34] tiene su origen:

En la producción, extracción y manipulación de combustibles fósiles (pérdidas por venteo de pozos de petróleo, escapes de gas natural, minas de carbón al aire libre), de las actividades agropecuarias (cultivos de arroz, aprovechamiento del ganado, suelos agrícolas, en menor medida quema de sabanas, quema de residuos agrícolas, fermentación entérica del ganado, entre otros) y de descomposición de los residuos (párr. 23).

Además, señalan los autores que este gas en la atmósfera está 150% más concentrado que al inicio de la era industrial.

Los gases fluorados (F-gases en inglés) se han producido en los países industrializados en gran cantidad. En particular los freones que causan deterioro a la capa de ozono, pero los cuales se han limitado producto de su daño (FAO, s.f). Estos son básicamente los «disolventes, propulsores de aerosoles, refrigerantes y dispersores de espuma» (Escudero & Scheelj, 2003, párr. 27).

Hay otro tipo de gases que sería largo de explicar[35], pero que provienen de la actividad agrícola con fertilizantes no orgánicos; de la producción de aluminio por electrólisis; de la producción de magnesio para equipos eléctricos; entre otros.

34 Escudero, M. I. E., & Scheelje, J. M. S. B. (2003). El Cambio Climático Principales Causantes, Consecuencias, y Compromisos de los Países Involucrados. Recuperado 11 octubre, 2019, de http://www.fao.org/3/XII/0523-B2.htm

35 El óxido nitroso (N2O), Perfluorocarbonados (PCF), Hexafloruro de azufre (SF6), Clorofluorocarbonos o freones (CFC), entre otros, son gases de efecto invernadero que secundan al CO2 y al metano (CH4).

Miremos este gráfico para dimensionar la cantidad de cada gas respecto del total:

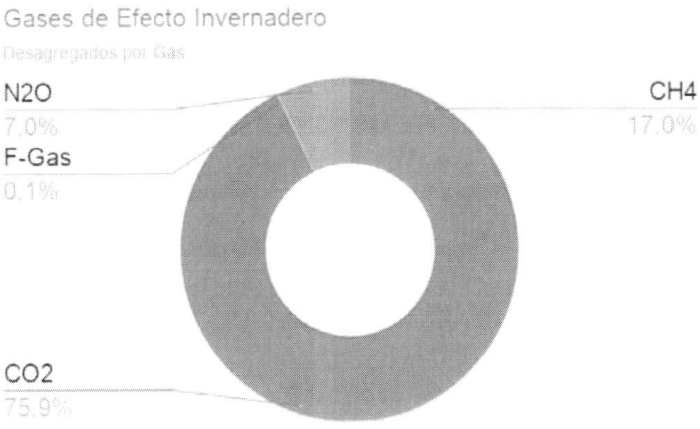

Figura 3. Gases de efecto invernadero desagregados por gas.

Por otra parte, estos gases son emitidos en su mayoría por la actividad relacionada a la energía, seguido por la agricultura, los procesos industriales y la basura. Miremos este gráfico para tener la imagen de los sectores que contaminan más respecto del total:

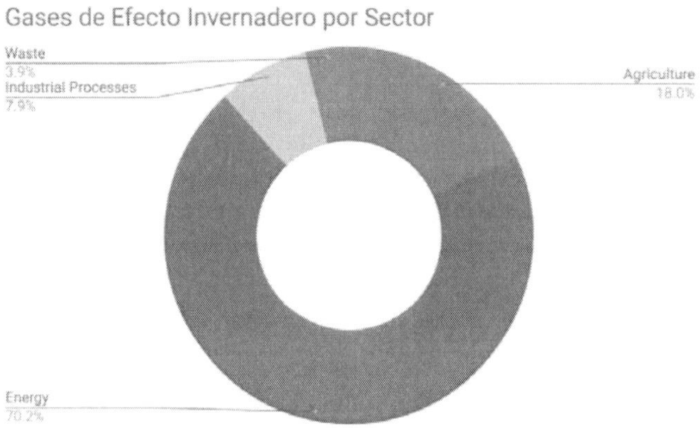

Figura 4. Gases de Efecto Invernadero emitidos por sector.

AUMENTO DE LA TEMPERATURA

Quienes niegan que la emergencia climática sea producto de la acción humana, suelen afirmar que los cambios en el clima han acompañado durante siglos al planeta tierra.

Eso es tomar una verdad para justificar una mentira. Es cierto que la historia de la tierra muestra muchos cambios climáticos, pero eso no niega que la interferencia humana desde la revolución industrial en adelante ha afectado directamente en el cambio climático actual, como han demostrado los científicos.

Revisemos lo primero. La tierra ha transitado entre periodos fríos y cálidos. En los primeros su duración es de 100.000 años aproximadamente. En los cálidos 100.000 a 20.000 años, en el último millón de años.

Sin embargo, los científicos han podido demostrar que la quema de combustibles fósiles –acompañado de la deforestación– ha alterado el clima.

En los periodos fríos (glaciares) y cálidos (interglaclares) la temperatura de la tierra aumentó o disminuyó 5 °C. Aquello sucedió en largos procesos de miles de años. Sin embargo, la acción humana a través, principalmente, de la quema de combustibles fósiles, ha acelerado peligrosamente esas cifras: los registros muestran que desde 1880 en adelante la temperatura del planeta ha aumentado en un 1 ºC (OMM, 2019)[36]. Es decir, lo que antes demoraba miles de años como proceso natural, la revolución industrial lo aceleró en dos siglos.

El periodo de 2015 a 2019 es probablemente el más cálido de cualquier registro, con un aumento global de 1,1 ºC comparado con el periodo pre-industrial (OMM, 2019).

El calor concentrado en el océano en 2018 ha sido el más alto medido sobre los 700 metros del nivel del mar. Las olas de calor han sido el hecho más mortal en el periodo de 2015 al 2019 afectando a todos los continentes y generando nuevos *peaks* de temperaturas e incendios sin precedentes, logrando nuevos récords, como tratamos en este libro, de incendios generalizados en la selva amazónica (OMM, 2019).

Como consecuencia de esto, el último informe de la OMM señala que en el periodo 2015 a 2019 han muerto 8.900 personas por causas atribuidas a olas de calor en el mundo[37].

Existen otros datos que parecen apocalípticos. Se han realizado cálculos que estipulan que hacia el año 2047 con «los cambios y fluctuaciones actuales dará como resultado que los años más fríos en el futuro serán mucho más cálidos que los años más calientes de los que se tienen registro desde el siglo XIX a la fecha» (Tapia, s.f, párr. 03)[38]. Brutal.

---

36 Organización Meteorológica Mundial (OMM). (2019). The Global Climate in 2015–2019. Recuperado 10 octubre, 2019, de https://library.wmo.int/doc_num.php?explnum_id=9936

37 Organización Meteorológica Mundial (OMM). (2019). The Global Climate in 2015–2019. Recuperado 10 octubre, 2019, de https://library.wmo.int/doc_num.php?explnum_id=9936

38 Tapia, A. (s.f.). Aumento de la temperatura de la Tierra: ¿un futuro apocalíptico? Recuperado 9 octubre, 2019, de https://www.vix.com/es/btg/curiosidades/4889/aumento-de-la-temperatura-de-la-tierra-un-futuro-apocaliptico

LA ANTÁRTICA SE DERRITE

Nací en el norte de Chile. Mis paisajes son los colores del desierto, el calor y la escasa agua. En 2014 visité la Antártica. Aterrizamos en la Base Frei, que está en el inicio del inmenso territorio antártico, y la emoción fue impactante. El omnipresente blanco se mezcla con una gigantesca gama de colores azulados. Al caminar por la nieve suelta, mis huellas dejaban ver en lo profundo un color celeste luminoso.

Tan distinto a mi hábitat nortino, el desierto más árido del mundo. En cambio, la Antártica contiene el 77% del agua dulce del planeta. El continente blanco, que hace millones de años incluso tuvo verde vegetación[39], hoy es un patrimonio natural que como humanidad debemos conservar.

A fines de 1959 en Estados Unidos se reunieron 12 países[40] para firmar el Tratado Antártico. Este ha sido el texto base bajo el cual se han firmado otros

---

39 Las investigaciones han demostrado que la Antártica tuvo (desde hace 250 y hasta 23 millones de años atrás) un clima que permitió el surgimiento de especies vegetales como *Nothofagus* (robles). Esto fue antes de que la Corriente Circumpolar Antártica enfriara el clima polar, que llegó a ser de una calidez que permitió el verde austral. Más información en Instituto Antártico Chileno. (2018). Enciclopedia Visual Antártica. Santiago de Chile, Chile: INACH, Negro editores, p. 82.

40 Argentina, Australia, Chile, Estados Unidos, Federación Rusa, Japón, Noruega, Nueva Zelanda, Reino Unido y Sudáfrica fueron los países que concurrieron a su firma en Washington DC.

200 acuerdos complementarios, principalmente sobre investigación científica y protección ambiental, dos de los objetivos principales de la acción internacional en la Antártica, además del acuerdo mínimo –y respetado hasta hoy– de que el continente solo tiene fines pacíficos (INACH, 2018)[41]. Hoy son 53 los países parte del Tratado y 29 con derecho a voz y voto.

Pero el aumento de las temperaturas producto de la quema de combustibles fósiles –como vimos en capítulos anteriores–, empuja el derretimiento de la cubierta de hielo antártico, que ha aumentado al menos seis veces desde 1979, según la OMM[42].

Esta organización, parte de la ONU, publicó en septiembre del 2019 que los reportes son dramáticos, partiendo porque el quinquenio 2015 al 2019 podría ser el más cálido del que se tienen registro.

Las misiones de científicos que monitorean la Antártica, lo hacen con perplejidad y tristeza, porque han concluído en este mismo informe que la extensión de los hielos marinos ha llegado al nivel más bajo durante el verano de 2017 y 2018 respectivamente.

La crisis es ahora y su agudización tiene consecuencias muy concretas.

Por ejemplo, para la rica biodiversidad del continente antártico, que está compuesta de ballenas, peces, focas, lobos marinos, pingüinos, aves, microorganismos,

---

41 Instituto Antártico Chileno. (2018). *Enciclopedia Visual Antártica*. Santiago de Chile, Chile: INACH, Negro editores, p. 100.

42 Organización Meteorológica Mundial (OMM). (2019). El clima mundial: entre 2015 y 2019 se ha acelerado el cambio climático. Recuperado 10 octubre, 2019, de https://public.wmo.int/es/media/comunicados-de-prensa/el-clima-mundial-entre-2015-y-2019-se-ha-acelerado-el-cambio-clim%C3%A1tico

algas, líquenes, musgos, hongos y otras plantas. Todos los cuales se ven amenazados directamente por el cambio climático.

Pero dentro de toda esta diversidad, los científicos le asignan centralidad a una especie: el kril. Un crustáceo –parecido a un camarón– como el que aparece en la película *Buscando a Nemo*. Su rol es clave para el ecosistema antártico ya que la mayoría de la fauna se alimenta de ellos. Según un estudio realizado por *British Antarctic Survey (BAS)* (citado en Discovering Antarctica, s.f) el número de krils está disminuyendo dramáticamente. El estudio ofrece estadísticas alarmantes, ya que un 80% de los krils han desaparecido desde 1970[43]. Además, se relaciona la disminución de esta especie con la pérdida de hielo marino, debido a que este se alimenta de una alga (fitoplancton) que se encuentra al fin del hielo marino. Esto influye también en la severa disminución de las especies de pingüinos presentes en este territorio.

Adicionalmente, las sucesivas investigaciones han ido dándole todavía más importancia a esta pequeña especie. La institución inglesa de estudio antártico (BAS) (citado en CONICYT, 2006) concluyó que los krils son captadores de carbono hacia el fondo marino y que anualmente transportan el equivalente a lo que producen 35 millones de autos[44].

Pero incluso la importancia de la Antártica para Chile y el mundo va todavía más allá. El derretimiento de sus hielos compromete el nivel de los océanos y

[43] Discovering Antarctica. (s.f.). Impacts of Climate Change. Recuperado 10 octubre, 2019, de https://discoveringantarctica.org.uk/challenges/sustainability/impacts-of-climate-change/

[44] CONICYT. (2006, 14 septiembre). Descubren que Krill Antártico captura importantes cantidades de carbono. Recuperado 10 octubre, 2019, de https://www.conicyt.cl/fondef/2006/09/14/descubren-que-krill-antartico-captura-importantes-cantidades-de-carbono/

amenaza nuestras costas, como explicaré en detalle en el capítulo dedicado al tema.

Pero hay más: la Antártica es un agente muy importante en la formación de masas de aire que finalmente conforman los frentes meteorológicos que llegan a territorio chileno. Si sigue cambiando la Antártica, más grandes serán los cambios del clima. Su flora y fauna, son parte de todo un sistema que, si es perjudicado, incidirá muy negativamente en el equilibrio de las especies que constituyen parte de nuestro alimento. Debajo de sus hielos, si se derriten, se esconden reservas de minerales que, esperamos, nunca queden en la superficie. Es posible que en la Antártica exista uranio en cantidades considerables. Se ha establecido con certeza la existencia de minerales, en concentraciones interesantes como: cobre, molibdeno, plomo, plata, níquel, bismuto, berilio, fosforita, cuarzo, grafito, cobalto, oro, cromo, manganeso, estaño y carbón.

Finalmente, para Chile es una extensión natural de su territorio, que nos une por el sur con Oceanía, lo que nos hace responsables de mantener nuestra presencia efectiva en ella.

LOS GLACIARES SE DERRITEN

Los glaciares son importantísimos porque son el principal seguro de vida que tiene la Humanidad para sobrevivir, según Greenpeace. Y sin agua dulce nos extinguiríamos en una semana (República Glaciar, s.f)[45].

Los glaciares son un ícono de la emergencia climática, dado que son sensibles al aumento de temperaturas y están desapareciendo progresivamente. Según los estudios de la Dirección General de Aguas de Chile (DGA) (Como se cita en Peña, 2019), desde 2002 dejaron de existir 200 glaciares en Chile. Y desde 2014, en términos generales los glaciares han disminuido un 8% su masa de hielo en el país, expresado concretamente en 1.894 kilómetros cuadrados menos[46].

Pero adicional al derretimiento producto del aumento de temperaturas, también hay destrucción de glaciares por acción directa, principalmente de las mineras. Según una investigación del periodista Héctor Cossio y Natalia Saavedra (2019), el Consejo Minero chileno –el gremio que reúne a las mineras– ha frenado

45 República Glaciar. (s.f.). República Glaciar-Todo sobre los glaciares de Chile. Recuperado 11 octubre, 2019, de https://www.republicaglaciar.cl/#Importancia_de_los_glaciares

46 Peña, K.P. (2019, 3 octubre). Cerca de 200 glaciares han desaparecido en Chile producto del cambio climático. Recuperado 10 octubre, 2019, de https://www.df.cl/noticias/empresas/medio-ambiente/cerca-de-200-glaciares-han-desaparecido-en-chile-producto-del-cambio/2019-10-02/203818.html

todas las iniciativas presentadas en el Congreso en los últimos 15 años que han tenido por objeto dar protección a los glaciares en Chile[47]. El lobby feroz ha logrado perpetrar una aberración ambiental: siendo Chile el país con mayor cantidad de glaciares en Sudamérica y que el 70% de los chilenos nos abastecemos de su agua, no tenemos en Chile una legislación o estatuto especial de protección a los glaciares.

Ese lobby feroz me tocó verlo en carne propia cuando en 2014 fui autor –junto a la Bancada Glaciar y Greenpeace– de una ley en el Congreso para darle protección. El Ministro de Medio Ambiente de la época, Pablo Badenier, más parecía Ministro de Minería y sus modificaciones al proyecto lo transformaron completamente. Al punto que los impulsores de la iniciativa llegamos a la conclusión de que era mejor que el proyecto no fuera aprobado porque –luego de las modificaciones– terminaría siendo una desprotección para los glaciares. Luego el gobierno de Sebastián Piñera ha intentado frenar otra iniciativa similar en 2019. Rabia y tristeza.

Ya sea por destrucción directa de las mineras o por derretimiento, lo cierto es que los glaciares en Chile están bajo amenaza, siendo nuestro país una reserva estratégica de agua dulce.

¡Esto es gravísimo! Lo peor de todo es que se trata de un problema global.

---

47 Cossio, H. C., & Saavedra, N. S. (2019, 11 octubre). El lobby detrás de la Ley de Glaciares: el proyecto que vive en estado de congelamiento perpetuo. Recuperado 11 diciembre, 2019, de https://www.elmostrador.cl/destacado/2019/10/11/el-lobby-detras-de-ley-de-glaciares-el-proyecto-que-vive-en-estado-de-congelamiento-perpetuo/

Quizás para alguien que no ha presenciado la belleza de los glaciares y los siente algo bonito pero lejano, se preguntará qué tanto puede suceder si los glaciares disminuyen o van desapareciendo aceleradamente. Los efectos pueden ser decisivos sobre nuestra vida cotidiana, porque si los glaciares disminuyen, no pueden seguir aportando agua a ríos, lagos y napas subterráneas, afectando directamente la disponibilidad de agua de consumo humano y para el riego agrícola, sobre todo en periodos de sequías o verano, donde los glaciares son la única fuente de recarga de agua dulce.

Anteriormente hablamos de la Antártica. Pero si miramos al Polo Norte, la cubierta de hielo en el mar ártico está disminuyendo un 8,9% por década en verano y se proyecta que para el año 2100 tengamos un océano ártico ¡completamente sin hielo! en la estación estival (El Mundo, 2007)[48].

«Solo la pérdida de nieve y de los glaciares de las montañas de Asia afectaría a aproximadamente el 40% de la población mundial», advirtió en 2007 un informe de la ONU en víspera del Día Mundial del Medio Ambiente (El Mundo, 2007 citando a ONU 2007, párr. 2)[49].

Por si fuera poco, con la disminución de los glaciares podrían desaparecer una extensa variedad de especies dado que –como explicamos anteriormente– el

---

48 El Mundo. (2007, 4 junio). El deshielo de polos y glaciares afectará a millones de personas. Recuperado 10 octubre, 2019, de https://www.elmundo.es/elmundo/2007/06/04/ciencia/1180958697.html

49 El Mundo. (2007, 4 junio). El deshielo de polos y glaciares afectará a millones de personas. Recuperado 15 octubre, 2019, de https://www.elmundo.es/elmundo/2007/06/04/ciencia/1180958697.html

kril, crustáceo vital en la dieta de los animales en el ártico ha disminuido un 80%, afectando a toda la cadena alimenticia que lo acompaña.

Las cifras son impactantes, entre 2015 y 2019 el hielo marino alcanzó su nivel más bajo registrado, y la cantidad de hielo perdido en la antártica aumentó seis veces entre 1979 y 2017. La tendencia entre 1979 y 2018 indica que la extensión del hielo marino en el ártico en el verano ha disminuido a una tasa aproximadamente de 12%.

En conclusión, los glaciares son claves para nuestra sobrevivencia y su disminución o desaparición afecta el equilibrio ecológico, generando efectos directos sobre nuestra especie y otras.

EL AUMENTO DEL NIVEL DEL MAR

En septiembre del 2019, el Panel Intergubernamental por el Cambio Climático (IPCC) publicó un reporte sobre los océanos y la criosfera[50]. Ahí el informe alerta de una situación que ya es gravísima y seguirá extremándose: los glaciares, la nieve, el hielo y el permafrost[51] han disminuido peligrosamente y traerá una serie de catástrofes naturales como desprendimiento de tierras, inundaciones y otras que constituyen un peligro para las personas (IPCC, 2019 p. 2).

Según este estudio, para el año 2100 el mar podría llegar a registrar un aumento de entre aproximadamente 30 y 60 cm. Esto incluso en un escenario positivo donde los acuerdos globales logren disminuir las emisiones. Imagínense cómo sería si esto no se logra.

Como consecuencia de este aumento, el IPCC señala que es probable que algunas naciones insulares dejarán de ser habitables.

Este aumento del nivel del mar, tendrá como consecuencia del incremento de la frecuencia de episodios de mar extremo, es decir, las mareas altas, y

---

50 Grupo Intergubernamental de Expertos sobre el Cambio Climático. (2019). Las decisiones que adoptemos ahora son fundamentales para el futuro de los océanos y la criosfera. Recuperado 25 septiembre, 2019, de https://www.ipcc.ch/site/assets/uploads/sites/3/2019/09/SROCC_PressRelease_ES.pdf

51 Permafrost: se refiere a la capa de subsuelo que se encuentra congelado.

las tormentas intensas serán aún peor, lo cual traerá consigo el aumento de muertes y pérdidas económicas ya registradas por la OMM (2019) a causa de la influencia humana[52].

El informe de la IPCC (2019) también alerta que en la medida que los glaciares de montañas se reducen –algunos podrían perder el 80% de su masa[53] como ya dijimos– producto del aumento de temperaturas, se compromete la disponibilidad de aguas abajo, afectando comunidades y a la agricultura.

Durante el período 2014-2019, la tasa de aumento medio global del nivel del mar fue de 5 mm por año, frente a 4 mm por año durante el decenio 2007-2016. Este aumento es muy superior a la tasa media de 3,2 mm por año registrada anteriormente, desde 1993[54].

Pero hay otro fenómeno adicional: el calentamiento y acidez del océano. El océano absorbe alrededor del 30% de las emisiones anuales de CO2 antropogénico a la atmósfera, ayudando así a aliviar los impactos del cambio climático. En ese sentido, los océanos son los verdaderos pulmones del planeta. El problema es que los costos ecológicos para el océano, sin embargo, son altos, ya que el CO2 absorbido reacciona con el agua del mar y cambia la acidez del océano.

---

52 Organización Meteorológica Mundial (OMM). (2019). The Global Climate in 2015–2019. Recuperado 10 octubre, 2019, de https://library.wmo.int/doc_num.php?explnum_id=9936

53 «Se prevé que los glaciares de menores dimensiones situados, entre otros lugares, en Europa, África Oriental, la región tropical de los Andes e Indonesia perderán más del 80% de su actual masa de hielo de aquí a 2100 en un escenario de altas emisiones» (IPCC, 2019 p. 2).

54 Organización Meteorológica Mundial (OMM). (2019). El clima mundial: entre 2015 y 2019 se ha acelerado el cambio climático. Recuperado 10 octubre, 2019, de https://public.wmo.int/es/media/comunicados-de-prensa/el-clima-mundial-entre-2015-y-2019-se-ha-acelerado-el-cambio-clim%C3%A1tico

Ha habido un aumento de la acidez del 26% desde el principio de la revolución industrial. Esto genera consecuencias que afectan a la distribución y la abundancia de la vida marina en las zonas costeras, en alta mar y en el fondo marino.

ENERGÍA: LA PRINCIPAL CONTAMINANTE

El sector energético es el más devastador para el cambio climático, es el sector que más produce gases de efecto invernadero. Antes lo fue la agricultura, pero a fines del siglo XIX el sector energético logró mayores emisiones de gases de efecto invernadero y esa tendencia se mantiene hasta hoy.

Pero dentro de la industria energética, el subsector que más contamina es uno realmente cotidiano como la electricidad, seguido por el transporte. Estos dos aportan más del 50% seguidos por la construcción y manufactura, la quema de otros combustibles y finalmente las emisiones fugitivas.

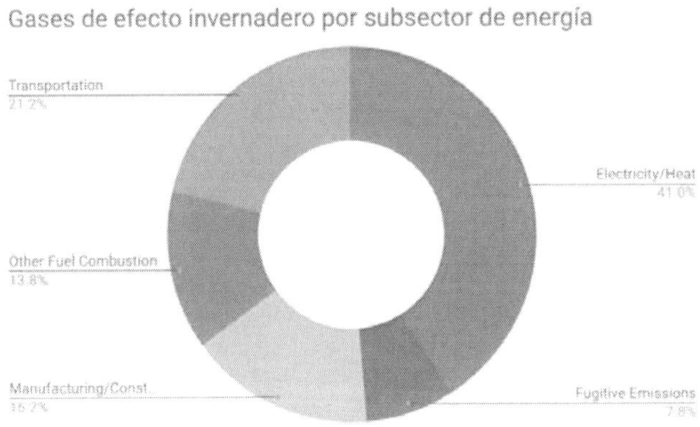

Figura 5. Gases de efecto invernadero producidos por subsector del sector energético.

Para hacernos una idea en algo cotidiano, cuando compramos aparatos eléctricos como por ejemplo refrigeradores, televisores, etc., veremos en ellos un sello informativo con los niveles de eficiencia energética de la A (con color verde) a la G (color rojo). Esto es producto de la norma chilena NCh3000. Es decir que si compramos aparatos que tengan más eficiencia energética (cercanos a la letra A o color verde) estaremos contaminando menos.

Respecto al transporte, hoy se están aplicando alternativas menos contaminantes como lo son los autos eléctricos. Actualmente Noruega es el país con más autos eléctricos, le siguen Islandia, Suecia, Suiza, Bélgica, Finlandia, Austria, Reino Unido, Francia, y Holanda (BBC Mundo, 2017)[55].

[55] BBC Mundo. (2017, 5 junio). ¿Cuales son los países donde los autos eléctricos tienen más éxito? Recuperado 11 octubre, 2019, de https://www.bbc.com/mundo/noticias-40136231

GANADERÍA: OJO CON LA CARNE

«El ganado es uno de los principales responsables de los graves problemas medioambientales de hoy en día. Se requiere una acción urgente para hacer frente a esta situación», asegura Henning Steinfeld de la FAO.

Después de investigar sobre la afirmación de Steinfeld, y comprobar que no es producto de la exageración, tomé la decisión de reducir drásticamente mi consumo de carne. Porque comer carne contamina más que manejar tu auto. De hecho comer carne dos veces por semana equivale a las emisiones de 260 kms de un auto diésel. No lo hubiera imaginado, pero los datos así lo comprueban.

La FAO ha publicado varios informes sobre el tema y en uno de ellos (2006)[56] se afirma que la ganadería genera el 37% del gas metano total producto de la intervención humana. Y como explicamos en este libro, el gas metano tiene un potencial mucho más contaminante que el propio CO2. Pero la ganadería también es responsable de una parte del CO2, al menos del 9%. Además hace lo propio generando el 65% del óxido nitroso que –como alerta la FAO– tiene un efecto 296 veces más contaminante que el CO2.

---

[56] Organización de las Naciones Unidas para la Agricultura y la Alimentación. (2006, 29 noviembre). La ganadería amenaza el medio ambiente. Recuperado 11 octubre, 2019, de http://www.fao.org/newsroom/es/news/2006/1000448/index.html

Cuando le conté a un amigo por qué reducía mi consumo de carne, se burló y me dijo, ¿pero cómo van a contaminar las vacas si solo comen y caminan? Sí, comen y caminan, pero también cagan. El gas metano se produce en ambientes muy especiales y raros, como pantanos o en el estómago de las vacas. A su vez el óxido nitroso se genera principalmente de su estiércol.

Hay millones de cabezas de ganado en el mundo e incluso hay países exportadores de carne que tienen más ganado que ciudadanos. Si sumamos y sumamos, y consideramos que cada vaca eructa entre 100 a 500 litros de metano por día, entonces las emisiones totales terminan siendo muy significativas.

Una segunda consecuencia negativa de la ganadería es su uso intensivo del recurso hídrico. Son 15 mil litros los que se necesitan para producir un solo kilo de carne[57], siendo una de las industrias más perjudiciales desde el punto de vista agua según la FAO. Mínimo cuestionarse el lomo a lo pobre.

Pero además hay que considerar que los millones de rumiantes deben alimentarse. La FAO alerta que el forraje para alimentar la industria ganadera representa el 33% de toda la superficie cultivable. Entonces aquí estamos frente a una tercera consecuencia nociva, además de las emisiones de gases de efecto invernadero. Mientras más vacas hay y más hectáreas de pastizales se necesitan para alimentarlas, adivinen por donde se corta el hilo: los bosques.

En la mentalidad depredadora que nos ha gobernado, los bosques son largas extensiones de tierra que no son «útiles», que pueden ser bonitos pero no

57 Organización de las Naciones Unidas para la Alimentación y la Agricultura. (2012, 22 marzo). Día Mundial del Agua: se requieren 15.000 litros de agua para generar un kilo de carne, señala la FAO. Recuperado 10 diciembre, 2019, de http://www.fao.org/americas/noticias/ver/es/c/229495/

dan dólares. ¿Por qué creen ustedes que se talan dos canchas de fútbol al día en la Amazonía? O peor aún, por qué creen que el presidente Bolsonaro disminuyó el presupuesto para combatir los incendios forestales en el pulmón verde. La respuesta es clara: la deforestación es más rentable para intereses económicos. Prefieren una hectárea de pastizal que engorda vacas a un bosque intocable.

A pesar de todos estos dramáticos datos, se proyecta que el consumo de carne se duplicará llegando a 465 millones de toneladas anuales hacia el año 2050[58].

Pero no todo está perdido. Si la conciencia humana no ayuda a resolver este impacto ecológico, entonces la tecnología podría hacerlo. Como sabemos, muchos de los adelantos han venido de la mano de la NASA y en el futuro de la carne podría suceder lo mismo. Esta agencia norteamericana pidió en el 2001 a científicos que investigaran cómo producir carne *in vitro* para alimentar a sus astronautas. Utilizando células animales, podrían cultivar artificialmente carne en un laboratorio. Los experimentos fueron avanzando y la revista Time lo declaró como uno de los mejores inventos[59]. Al 2019 son veinte las empresas que producen carne sintética en laboratorios. Esto podría ser una gran revolución en un futuro cercano, ya que este producto está pronto a llegar masivamente a los supermercados.

Aún es una historia por escribir.

---

58 De Ambrosio, M. (2015). *Todo lo que necesitas saber sobre el cambio climático*. Buenos Aires. Editorial Paidós.

59 TIME Magazine. (s.f.). The 50 Best Inventions of 2009. Meat Farms. Recuperado 24 febrero, 2020, de http://content.time.com/time/specials/packages/article/0,28804,1934027_1934003_1933982,00.html

ADIÓS A LOS BOSQUES

Don Nicanor Parra, el antipoeta chileno, era de los pocos que en los años noventa sacaba la voz en Chile por el bosque nativo. Lo defendía como propio y le escribía antipoemas para llamar la atención del país y para decirle unos cuantos piropos a la biodiversidad contenida poéticamente en los bosques chilenos.

Juegan una importancia vital en varios sentidos, pero una de ellas es que los bosques capturan grandes cantidades de dióxido de carbono y a través de un proceso fotosintético, lo convierten en hidratos de carbono. Según la NASA, los árboles en la Amazonía capturan los gases de efecto invernadero equivalentes a 10 años de emisiones de la industria y el transporte.

Esto debiera ser razón suficiente para entender a los bosques como nuestros aliados naturales en la lucha contra el cambio climático. Pero no: en 25 años se calcula que se han perdido 1,3 millones de kilómetros cuadrados de bosques (Elena, 2018, párr. 2)[60].

Ya en 2006 se talaban 13 millones de hectáreas de bosque en todo el mundo. Hoy esa cifra ha aumentado y está absolutamente comprobado que la deforestación agudiza directamente el cambio climático.

---

60 Elena, E. (2018, 10 mayo). Deforestación y su íntima conexión con el cambio climático. Recuperado 15 octubre, 2019, de https://paris2015cop21.org/deforestacion-conexion-cambio-climatico/

Según la FAO, año a año se le responsabiliza entre el 25% al 30% de los gases de efecto invernadero (FAO, 2006). ¿Por qué contamina la deforestación? Los árboles liberan carbono cuando son talados, dado que están compuestos en un 50% de carbono. Al ser talados ese carbono regresa a la atmósfera (FAO, 2006)[61].

Usted se preguntará, cuál es la razón de tal nivel de deforestación. La primera es la agricultura a gran escala, con aproximadamente el 40% de la deforestación en los trópicos y los subtrópicos; luego la agricultura de subsistencia local, el 33%; la infraestructura, el 10%; la expansión urbana, el 10%; y la minería, el 7% (Elena, 2018, párr. 3).

Ya en 2006 se talaban 13 millones de hectáreas de bosque en todo el mundo. Hoy esa cifra ha aumentado y está absolutamente comprobado que la deforestación agudiza directamente el cambio climático.

---

61 Organización de las Naciones Unidas para la Agricultura y la Alimentación (FAO). (2006, 4 septiembre). La deforestación contribuye al cambio climático. Recuperado 10 octubre, 2019, de http://www.fao.org/Newsroom/es/news/2006/1000385/index.html

TU ROPA CONTAMINA (Y MUCHO)

Además del petróleo, hay otras industrias que más contaminan. Un ejemplo brutal es la industria de la moda. Se calcula que una prenda que usamos menos de 5 veces y tiramos a la basura en 35 días produce 400% más de emisiones de CO2 que una que usamos 50 veces y mantenemos por 1 año (BBC, 2017)[62]. Según la ONU (2019)[63], «la industria de la moda produce más emisiones de carbono que todos los vuelos y envíos marítimos internacionales juntos» (párr. 4).

Es decir, la práctica de cambiar de ropa como deporte es un atentado ambiental. Y es un deporte relativamente nuevo y que se acelera: hoy compramos 80% más de ropa que hace una década[64].

El consumo irresponsable está generando una grave crisis. Según Greenpeace, en Estados Unidos una persona compra en promedio 64 camisetas al año, mientras que en África solo 8.

---

62 BBC Mundo. (2017, 12 marzo). ¿Sabes cuál es la industria más contaminante después de la del petróleo? Recuperado 17 octubre, 2019, de https://www.bbc.com/mundo/noticias-39194215

63 Naciones Unidas. (2019, 15 octubre). El costo ambiental de estar a la moda. Recuperado 17 octubre, 2019, de https://news.un.org/es/story/2019/04/1454161

64 https://www.lasexta.com/noticias/sociedad/la-industria-textil-una-de-las-mas-contaminantes-del-mundo-ahora-compramos-un-80-mas-que-hace-una-decada-video_201907115d274deb0cf2812cab0ea61a.html

La ONU (2019) entrega más datos dramáticos sobre el impacto ambiental de esta industria:

A. Se requieren 7.500 litros de agua para producir unos jeans.

B. El sector del vestido usa 93.000 millones de metros cúbicos de agua cada año, una cantidad suficiente para que sobrevivan 5 millones de personas.

C. La industria de la moda es responsable del 20% del desperdicio total de agua a nivel global.

D. La producción de ropa y calzado produce el 8% de los gases de efecto invernadero.

E. Cada segundo se entierra o quema una cantidad de textiles equivalente a un camión de basura.

F. La producción de ropa se duplicó entre 2000 y 2014 (párr. 21).

Pero la ropa no es la única industria a la que temerle, ya que según un estudio del IPCC (2014)[65], las emisiones de gases de efecto invernadero que produce el sector industria, en general, siguen aumentando desde la revolución industrial. Es paradigmático porque la participación de la industria en el PIB mundial ha disminuido pero las emisiones producidas por la industria global, basura y aguas residuales han crecido de 1990 a 2010[66]. Particularmente las emisiones provenientes de la basura y aguas residuales se han duplicado desde 1990.

---

65 IPCC, (2014). Industry. Recuperado 12 octubre, 2019, de https://www.ipcc.ch/site/assets/uploads/2018/02/ipcc_wg3_ar5_chapter10.pdf

66 Pasaron de 10.4 GtCO2eq a 15.4 GtCO2eq respectivamente.

El IPCC también precisa que las emisiones de CO_2 producidos por la industria vienen directamente de la energía e indirectamente de la producción de electricidad y calor para la industria, de los procesos industriales, basura y aguas residuales.

El gas más emitido por el sector industrial es el CO_2, seguido por los gases fluorados y el óxido nitroso.

Un dato terrorífico: solo en China los aires acondicionados podrían aumentar un 0,5 ºC de la temperatura global de aquí al 2050 y los gases que emiten son 80% más contaminantes que el propio CO_2. Es para deprimirse.

INUNDACIONES, SEQUÍAS E INCENDIOS

El escenario global del cambio climático es propicio para que aparezcan episodios extremos, que cobran miles de vidas humanas.

La OMM (2019)[67] en un informe sobre el clima global en el periodo 2015 a 2019 revela datos catastróficos. Se calculó que en Sudamérica han muerto 500 personas asociadas a eventos extremos motivados por la acción humana, por su parte en América del Norte y Centro América han muerto 4.100 personas, en Europa 5.500 personas, en África 2.600 personas, en Asia 7.400 personas y finalmente en el pacifico sur-oeste 300 personas. En suma 20.400 personas han muerto por eventos extremos influenciados por el ser humano.

Por si esto no fuera poco, en la dimensión económica en Sudamérica se han perdido US$10 billones de dólares, en América del Norte y Centroamérica se han registrado pérdidas por US$376 billones de dólares, en Europa US$13 billones de dólares, en Africa US$2 billones de dólares, en Asia US$16,6 billones de dólares y en el Pacifico Sur-Oeste US$5 billones de dólares.

---

67 World Meteorological Organization (WMO). (s.f.). The Global Climate in 2015-2019. Recuperado 10 octubre, 2019, de https://library.wmo.int/doc_num.php?explnum_id=9936

Según Gómez (2019)[68], la tendencia muestra que las temperaturas seguirán en aumento junto con las olas de calor, de igual forma los fenómenos meteorológicos que eran poco habituales podrán suceder con más frecuencia y aumentar su intensidad.

Durante enero del 2020, Australia sufrió masivos incendios forestales que quemaron 10 millones de hectáreas, costaron 28 vidas humanas y mil millones de animales fueron calcinados[69]. Las imágenes de canguros y koalas arrancando de las llamas recorrieron el mundo entero. Paradójicamente el primer ministro australiano, el conservador Scott Morrison, es uno de los negacionistas climáticos que impidió un acuerdo ambicioso en la COP25 en Madrid, pocas semanas antes de los incendios. Morrison ha sido, en la práctica, un lobbista de la industria del carbón.

Nadie elige que el cambio climático afecte brutalmente a su país y nadie lo quiere. Sin embargo, es una paradoja que los australianos hayan elegido a un líder que niega el cambio climático o disminuye su importancia. Da para pensar y aprender la lección de no votar nuevamente por líderes que defienden intereses por sobre el medio ambiente de todos.

68 Gómez, M. G. (2019, 21 julio). Más fenómenos meteorológicos extremos en el futuro. Recuperado 15 octubre, 2019, de https://www.nationalgeographic.com.es/ciencia/actualidad/tendremos-mas-fenomenos-meteorologicos-extremos-futuro_13378

69 La Vanguardia. (2020, 13 enero). Los incendios en Australia arrasan más de 10 millones de hectáreas, el equivalente a la superficie de Hungría. Recuperado 24 febrero, 2020, de https://www.lavanguardia.com/internacional/20200113/472863762399/incendios-australia-10-millones-hectareas-superficie-hungria.html

Pero las olas de calor que pueden producir estos u otras catástrofes, también puede ser al revés, de hecho, en Australia los incendios se enfrentaron a fuertes lluvias.

Como están las cosas, en el futuro nos tocará ver cosas terribles. Una de ellas son los nacientes «refugiados climáticos»; aquellas poblaciones que han tenido que migrar debido a las sequías, por ejemplo, en el Cuerno de África. En el desarrollo de este siglo pueden seguir aumentando la sequía a niveles extremos y como consecuencia estas migraciones climáticas se acrecentarán, según National Geographic (2019).

Las paradojas están a la orden del día: Chile hoy atraviesa la peor sequía conocida en la historia de su agricultura (Briones & Aburto, 2019)[70], pero mientras tanto una palta chilena puede tener más derecho al agua que una persona.

Chile es uno de los países que más está siendo afectado por el cambio climático y que seguirá siendo golpeado en el futuro. La Dirección General de Aguas de Chile ha realizado informes sobre la situación. Gonzalez (2019) precisa: «en la zona centro-norte del país la disminución de lluvias supera el 80% y en amplias áreas el recurso está agotado» (párr. 1).

> Entre ellos, reportes pluviométricos revelan que el registro de precipitaciones a marzo de este año, en comparación con el promedio de lluvias registrado entre 1981 y 2010, evidencia un déficit de 100% desde

[70] Briones, N. B., & Aburto, N. A. (2019, 7 octubre). Gobierno asegura que Chile atraviesa la peor sequía conocida en la historia de la agricultura. Recuperado 10 octubre, 2019, de https://www.biobiochile.cl/noticias/nacional/chile/2019/10/07/gobierno-asegura-que-chile-atraviesa-la-peor-sequia-conocida-en-la-historia-de-la-agricultura.shtml

> Antofagasta a Los Andes. Entre Valparaíso y Linares fluctúa entre 84% y 91%, en Concepción llega a 63% y en Puerto Montt a 52%. (González, 2019, párr. 2)

Este no es un libro sobre posibles soluciones a la emergencia climática, pero es inevitable al menos mencionar que el régimen absolutamente privatizado del agua en Chile combinado con el déficit de lluvias, es la peor combinación posible. Dicho de otra manera, el actual Código de Aguas de Chile se trata de un régimen anti-ambiental o una buena demostración de que el «sálvese quien pueda» en el marco del cambio climático es la peor fórmula posible.

EL LIBRE MERCADO AL CHANCHO

La era que hemos conocido desde la Revolución Industrial en adelante, es sin duda el momento de la historia de la humanidad en donde más se ha producido riqueza. El progreso material ha aumentado significativamente con respecto a las generaciones anteriores, si bien manteniendo grandes desigualdades y concentraciones.

Hemos progresado a costa de acercarnos peligrosamente a una catástrofe climática global que algunos han llamado «la sexta extinción masiva». Por supuesto que el costo ambiental era algo que no se sabía cuando se desencadenó dicho proceso histórico de acumulación, por tanto, es difícil responsabilizar de la catástrofe actual a aquellas generaciones que veían en el tren a carbón el símbolo de progreso material de las naciones.

Hoy, mantener el mismo sistema de producción y acumulación infinita no es posible y sería de una irresponsabilidad criminal hacerlo luego de conocer lo que los científicos han dicho hasta el cansancio desde hace tres décadas con evidencia irrefutable. Los efectos peligrosísimos que la industria de la energía, el transporte, la ganadería y tantas otras actividades humanas tienen, nos obligan a pensar otro modelo. Ya no es un problema puramente ideológico, si bien ese también es un componente. Se trata de un asunto de sobrevivencia, porque estamos en un situación que los autores clásicos de la libertad de comercio jamás pudieron imaginar.

Por tanto, resulta inmoral invocar los principios clásicos de la libertad de empresa para oponerse a regulaciones ambientales, como si «aquí no hubiese pasado nada». Lamentablemente, empresarios y políticos se escudan en la libertad empresarial por ver tocados sus intereses. En un caso reciente, el gremio de los productores de pesticidas en Francia alegaron la libertad de empresa para defenderse frente a una regulación ambiental. El caso fue visto por la Corte Constitucional, la cual finalmente el 31 de enero del 2020 falló en contra de los productores. Como este, estamos repletos de casos de aquellos que defienden un libre mercado al chancho, sin límites, el cual creen como un dogma intocable. Aquellos no son más que extremistas, radicales, que llevan la defensa de sus intereses al extremo de provocar nuestra extinción.

Las teorías económicas clásica y neoclásica han sido construidas bajo supuestos que no consideran la variable del cambio climático. Más recientes vemos intentos de algunos economistas que entienden que la emergencia climática cambia todos los supuestos.

Para decirlo de otro modo, la libertad de mercado –ya extremada por algunos en el caso del neoliberalismo–, ya no podrá ir más. No hay otro camino posible sino el combinar libertad económica con regulaciones climáticas fuertes. Se trata de un asunto de sobrevivencia y el fanatismo ideológico neoclásico no podrá continuar con su influencia dominante o de lo contrario vamos directo a un futuro apocalíptico.

INFORMES DEL PANEL INTERGUBERNAMENTAL SOBRE EL CAMBIO CLIMÁTICO (IPCC)

En el imaginario colectivo está presente el Protocolo de Kyoto de 1997; muchos lo recordamos como la primera vez que escuchamos hablar del Calentamiento Global. Pero lo cierto es que esta historia comenzó antes.

En 1988 la ONU a través de su Programa de Naciones Unidas para el Medio Ambiente (UNEP) convocó a un encuentro para tratar de manera global y por primera vez los efectos de los gases de efecto invernadero. Le llamaron *Conferencia de Toronto sobre Cambios en la Atmósfera.* Esta es considerada la primera conferencia sobre el clima.

Pero como siempre: el problema no era puramente científico. La política cumplía un rol fundamental. Había que convencer –con rigurosos argumentos científicos– a los líderes mundiales de que era necesario llegar a acuerdos globales expresados en planes nacionales para disminuir la afectación a la atmósfera. Eso no se produciría de un día para otro y para lograrlo había que abrazarse a la ciencia. Para eso, la Conferencia de Toronto acordó dentro de sus compromisos, la creación de una instancia que diera seguimiento a las veloces y cada día más alarmantes investigaciones que la comunidad científica producía al respecto. Fue así como se creó el *Panel Intergubernamental sobre el Cambio Climático (IPCC),* para «proporcionar a los gobiernos, a todos los niveles, información científica que puedan utilizar para desarrollar políticas climáticas» (IPCC, s.f, párr. 02)[71].

Cuando se realizaba esa primera reunión, en Toronto, yo tenía un año de edad. Hoy con 32 veo con espanto lo poco que se ha avanzado; concluyo que esto es debido a una sola cosa: la codicia humana.

Volviendo al IPCC este no tiene como objeto realizar investigaciones propias, sino ser un panel que evalúa y selecciona con riguroso criterio científico cuáles son las investigaciones desarrolladas en cualquier parte del mundo que sirvan para evaluar el cambio climático junto a «sus repercusiones y futuros riesgos, así como las opciones que existen para adaptarse al mismo y atenuar sus efectos» (IPCC, s.f, párr. 02)[72].

A pesar del rigurosísimo trabajo que realiza el IPCC, y que los científicos han dicho en innumerables ocasiones que el calentamiento del clima es indiscutible[73], sus publicaciones han sido objeto de tiro al blanco de líderes políticos y empresariales. Donald Trump es uno de ellos: «no soy un gran creyente en la contribución del hombre al cambio climático», dijo en una entrevista el 2016[74].

---

71 Intergovernmental Panel on Climate Change (IPCC). (s.f.). About the IPCC. Recuperado 10 octubre, 2019, de https://www.ipcc.ch/about/

72 Intergovernmental Panel on Climate Change (IPCC). (2013, 30 agosto). Ficha informativa del IPCC: ¿Qué es el IPCC? Recuperado 10 octubre, 2019, de https://www.ipcc.ch/site/assets/uploads/2018/04/FS_what_ipcc_es.pdf

73 Naciones Unidas Chile. (2014, 3 febrero). El calentamiento del clima es indiscutible, reafirman expertos. Recuperado 10 octubre, 2019, de http://www.onu.cl/es/el-calentamiento-del-clima-es-indiscutible-reafirman-expertos/

74 Faus, J. F. (2017, 2 junio). ¿Qué opina Trump sobre el cambio climático? Recuperado 10 octubre, 2019, de https://elpais.com/internacional/2017/06/01/estados_unidos/1496343144_186083.html

Bastaría con considerar lunático al presidente norteamericano para descartar sus dichos, pero también es bueno informarse del trabajo del IPCC para descartar todavía con más fuerzas los interesados y ignorantes dichos de Trump.

El proceso de elaboración de sus informes –el primero de ellos en 1990–, tiene una primera etapa de selección de autores, donde son postulados los mejores científicos climáticos del mundo en las respectivas áreas del informe y que se dividen en tres grandes grupos de trabajo[75], luego se reciben los comentarios de miles de expertos de todas las latitudes, y, finalmente, se recibe la aprobación final de los países miembros. Para el 5to informe (2013-2014) los países postularon a más de 3.500 científicos y finalmente fueron seleccionados 831 expertos en calidad de autores principales, coordinadores y editores revisores[76]. Es decir, un trabajo donde hay poco espacio para improvisaciones y se consagra como la fuente de mayor autoridad científica sobre cambio climático en el mundo.

Actualmente, el IPCC tiene la adhesión de 195 países miembros. Y dado que su rol es la observación periódica del fenómeno del cambio climático, la publicación de sus informes son utilizados como insumos para las negociaciones internacionales que se llevan a cabo en el marco de la Conferencia de las Naciones Unidas sobre el Clima.

[75] El Grupo I está dedicado a la fundamentación científica del fenómeno mismo del cambio climático. El Grupo II está dedicado a las consecuencias socioeconómicas y el Grupo III está dedicado a la exploración de políticas de mitigación, incluidas la limitación de emisiones.

[76] Grupo Intergubernamental de Expertos sobre el Cambio Climático. (2013, 30 agosto). Ficha informativa del IPCC: ¿Cómo selecciona el IPCC a sus autores? Recuperado 10 octubre, 2019, de http://www.ipcc.ch/site/assets/uploads/2018/04/FS_select_authors_es.pdf

EL PROTOCOLO DE KIOTO Y BREVE HISTORIA DE LAS COPS

Muchas de las metas propuestas en las últimas versiones de la Conferencia de las Partes (COP) han fracasado. Ya en 1988 en la Conferencia de Toronto se hacía mención a disminuir las emisiones de gases de efecto invernadero en un 20% para el 2005 (De Ambrosio, 2015)77, meta absolutamente frustrada.

La Cumbre de la Tierra en 1992 se realizó en Río de Janeiro. Ahí se firmó el Convenio Marco de las Naciones Unidas sobre Cambio Climático (UNFCCC); se llamó así porque era el marco general, base, desde el cual se originarían nuevos acuerdos sucesivos y más específicos para frenar las emisiones que dan origen al cambio climático.

El UNFCCC dio origen a la Conferencia de las Partes, más conocida como COP, cumbres que se realizarían en distintos países año a año, con el objeto de evaluar los objetivos y buscar nuevos acuerdos a través de negociaciones. La primera COP que se constituyó fue la de 1995 en Berlín.

Las COPs son las reuniones de los Estados firmantes de la Convención Marco de las Naciones Unidas sobre el Cambio Climático (CMNUCC). El objetivo de estas

---

[77] De Ambrosio, Martín. *Todo lo que necesitas saber sobre el cambio climático*. Paidós, Buenos Aires, Argentina, 2015, p. 81.

reuniones es discutir sobre el cumplimiento de lo establecido por la convención y los otros tratados surgidos de esta. Lamentablemente en la mayoría de las COPs no se alcanzaron grandes acuerdos con excepción de algunas. En la COP3 de Kioto ocurrió un hecho importante: se creó el «Protocolo de Kioto». No sería hasta la COP7 que fue aprobado el reglamento del funcionamiento de este y finalmente el Protocolo de Kioto pasó a funcionar el 16 de febrero de 2005 (Guadagni & Cuervo, 2017), a pesar que resultó ser un fracaso en su aplicación porque no cumplió sus metas de reducción de emisiones.

EE.UU. no llegó a ratificar este protocolo, ya que el presidente conservador George Bush nunca lo envió al Senado para que fuera aprobado. Imagínese usted los intereses corporativos, entre ellos petroleros, que Bush estaba resguardando.

En la COP15 que tuvo lugar en Copenhague, Dinamarca, sucedió algo simbólicamente importante: se fijó una meta de límite máximo de aumento de la temperatura promedio en el mundo de 2 ºC. El problema es que no se estableció cómo alcanzar tal objetivo. Esa COP es recordada con gran frustración. Un paso para adelante y uno para atrás.

En diciembre de 2011 Canadá anunció que abandonaría el Protocolo de Kioto. El primer ministro conservador Stephen Harper señaló que su abandono se debía porque no querían pagar las multas por no cumplir la reducción de emisiones.

Tiempo después en la COP18 realizada en Doha, Qatar el 2012, se adoptó la Enmienda de Doha al Protocolo de Kioto, donde se establecieron nuevas metas para los países del Anexo 1 (países desarrollados industrializados). Se estableció una meta para reducir en un 18% las emisiones de efecto invernadero respecto de los niveles de 1990.

Hasta el 18 de julio de 2016, solamente 66 países de 200 ratificaron este compromiso. EE.UU., Federación Rusa, Brasil, Australia, Canadá, Japón, Alemania, Reino Unido, entre otros, prefirieron no hacerlo.

El Protocolo de Kioto no logró su objetivo de reducir en un 5,2% las emisiones de los países desarrollados en 2012 respecto de 1990. EE.UU., Rusia, Canadá, Japón ya no son parte del protocolo, siendo precisamente de los países que más contaminan. Por su parte China no está obligado ya que fue considerado dentro del Protocolo de Kioto como «país en vías de desarrollo».

Como ven no hay muchos logros que contar. Ha sido una historia de frustración y de no tomar en cuenta la alarma que prendió la comunidad científica hace mucho. Según (Guadagni & Cuervo, 2017) concluyen:

> El recorrido de las negociaciones nos muestra que desde la Cumbre de Río de Janeiro (1992), a la Conferencia de Kioto (1997), El Mapa de Ruta de Bali (2007), y la Plataforma de Durban (2011), hasta arribar a la Conferencia de París, pasó una generación completa sin que se pudiera lograr un resultado exitoso. (pp. 79-80)

Finalmente en la COP 21 se logró el «Acuerdo de París», el cual tiene como objetivo principal mantener el aumento de la temperatura en el siglo XXI por debajo de los 2 ºC, y en lo posible por debajo de los 1,5 ºC. Desarrollamos más profundamente este acuerdo en el siguiente capítulo.

ACUERDO DE PARÍS: NO QUEREMOS OTRO KIOTO

Cuando el presidente François Hollande recibió a la COP21 en París, todos los ojos estaban puestos en él. No daba lo mismo el éxito o fracaso de las negociaciones, ya que se trataba del acuerdo que debía reemplazar al Protocolo de Kioto. Posterior a la cumbre, se ha calculado que la diferencia entre el escenario sin acuerdo y el escenario con acuerdo es de un 118%. Es decir que sin políticas agresivas para el año 2100 las emisiones habrán aumentado un 118% (Climate Watch, 2018)[78].

Los ojos también estaban puestos en la posición que tomarían EE.UU. y China. Sin ellos, el acuerdo se vería desahuciado, tal como sucedió en 1997 con el Protocolo de Kioto, donde EE.UU. no lo ratificó y China fue considerado país en vías de desarrollo, y, por tanto, no era vinculante el acuerdo para ese país (Guadagni & Cuervo, 2017).

Esta vez el optimismo general era la tónica. Las cosas serían distintas, eso parecía. Y el objetivo de Francia, que presidía la Cumbre, era que este fuera un

78 Climate Watch. 2018. Washington, DC: World Resources Institute. Available online at: https://www.climatewatchdata.org
Pacific Norway National Laboratory, & University of Maryland. (s.f.). Global Change Assessment Model. Recuperado 28 septiembre, 2019, de http://www.globalchange.umd.edu/gcam/

acuerdo que durara muchos años, ojalá 30 o 40, me reconoció un diplomático francés.

Lo inédito y esperanzador para la prensa mundial era que esta vez las dos grandes potencias coincidían en la necesidad de llegar acuerdo. Algunos se adelantaron en decir que Barack Obama y Xi Jinping hablan casi el mismo idioma en esta cumbre[79]. En la historia de las COPs era inédito que EE.UU. y China compartieran el mismo objetivo. «Represento al segundo país más contaminador. Asumimos nuestras responsabilidades», dijo Barack Obama en París[80].

Esto viabiliza, como nunca, las negociaciones de una COP. La prensa estaba entusiasta, considerando que desde la Cumbre de Río de 1992 las posiciones de EE.UU. y China no lograban encontrarse. Mientras Pekín afirmaba que no era justo que se le aplicaran las metas de disminución de emisiones, considerando que los países desarrollados habían logrado serlo con gran contaminación asociada. A su vez, desde la Casa Blanca repetían en todas las negociaciones el mismo mantra: si la reducción no era para todas las potencias supercontaminantes, entonces tampoco sería para ellos. Punto muerto durante 25 años.

El 2015 en París podía ser distinto. Luego de las largas negociaciones, el encargado de presentar el borrador del texto fue el Ministro de Relaciones Exteriores de Francia, Laurent Fabius, quien afirmó «COP21 es realmente un punto de quiebre para todos nosotros. A partir de ahora tenemos verdaderas bases,

79 Sostenibilidad para todos. (s.f.). COP21: un acuerdo histórico. Recuperado 10 octubre, 2019, de https://www.sostenibilidad.com/cambio-climatico/cop21-un-acuerdo-historico/

80 Panelles, M. P., & Cañas, G. C. (2015, 1 diciembre). EE.UU. y China dan un impulso vital al pacto por el clima. Recuperado 10 octubre, 2019, de https://elpais.com/internacional/2015/11/30/actualidad/1448883485_175786.html

ecológicas, para salvar nuestro planeta con este acuerdo que era necesario para el mundo entero»[81].

Fabius estaba entusiasta. Y claro, en las negociaciones del Acuerdo de París, se establecieron metas para la reducción de los gases de efecto invernadero con proyecciones hasta el final del siglo XXI. Era para estar entusiasmado. En el siguiente gráfico se puede ver el panorama de cómo serían los niveles de CO2 cumpliendo con las exigencias del acuerdo a cuatro niveles: el primer nivel es el escenario sin políticas (acuerdo), el segundo con políticas suaves seguido por un panorama con las políticas estándares del acuerdo, y, finalmente, estas mismas políticas reforzadas.

81 BBC Mundo. (2015, 12 diciembre). COP21: aprueban histórico acuerdo contra el cambio climático en la cumbre de París. Recuperado 10 octubre, 2019, de https://www.bbc.com/mundo/noticias/2015/12/151211_cumbre_clima_paris_cop21_acuerdo_az

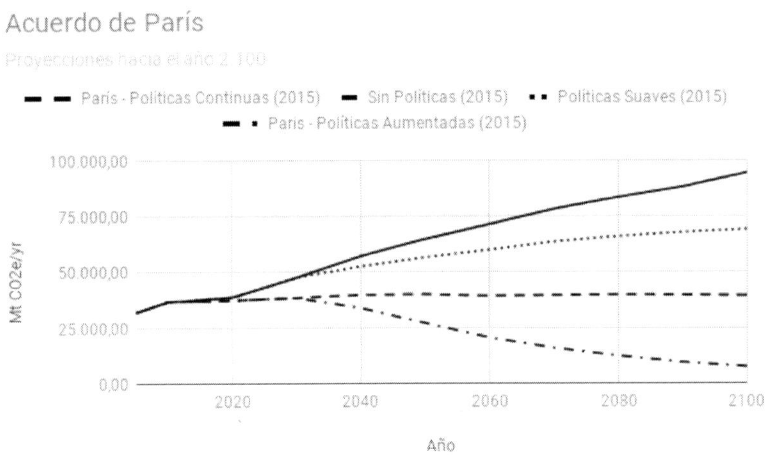

Figura 6. Proyecciones Mundiales de emisiones de CO2 al año 2100[82].

En el acuerdo, suscrito por 196 países miembros, se puede leer que las naciones acordaron «mantener el aumento de la temperatura media mundial

82 Climate Watch. 2018. Washington, DC: World Resources Institute. Available online at: https://www.climatewatchdata.org
Pacific Norway National Laboratory, & University of Maryland. (s.f.). Global Change Assessment Model. Recuperado 28 septiembre, 2019, de http://www.globalchange.umd.edu/gcam/

muy por debajo de 2 °C con respecto a los niveles preindustriales, y proseguir los esfuerzos para limitar ese aumento de la temperatura a 1,5 °C con respecto a los niveles preindustriales, reconociendo que ello reduciría considerablemente los riesgos y los efectos del cambio climático».

Sin embargo, no todos fueron tan optimistas. El propio expresidente del panel climático de la ONU (IPCC), Robert Watson, dijo que el pacto era insuficiente y calculó que con las reducciones de gases de efecto invernadero que establecía el Acuerdo de París, el aumento del 2 °C de temperaturas se lograría en 2050, bastante antes del año 2100 que pretendía el tratado.

Muchos también criticaron el hecho que el Acuerdo carecía de la fuerza legal de un Tratado en el derecho internacional y que dejaba mucho espacio para que cada nación fijara sus propios compromisos de reducción de emisiones, a través de un instrumento llamado «Contribuciones Nacionales» (INDC, por sus siglas en inglés), donde, voluntariamente, cada país establecía un compromiso, pero su incumplimiento no tiene sanción alguna más allá de la mera reputación internacional.

Quería entender mejor esto y fui a la fuente primaria. Llegué a algunos diplomáticos franceses que participaron directamente de las negociaciones. Uno de ellos me reconoció que este «es el mejor acuerdo posible». Me decía que cada Estado es soberano y que un acuerdo de esta naturaleza no tiene forma de obligar a los países o sancionarlos frente a un incumplimiento, pero sí estableció un mecanismo en donde cada 5 años los países tienen que comprometerse con sus propias metas, y que cada vez que esto suceda, sus Contribuciones Nacionales deben ser más ambiciosas que las anteriores. «Eso es nuevo y una gran conquista porque en el Protocolo de Kioto no había nada», me dijo. Dado que vio que mi cara no estaba muy convencida, me puso el siguiente ejemplo: «cuando los Estados contraen una deuda externa, deben pagarla. Pero también pueden optar por no hacerlo. En ese caso, no se les puede invadir militarmente para obligarlos a pagar ni tampoco podemos hacerlo por no cumplir con la metas ambientales. Sin embargo, el no pagar un préstamo internacional tiene un efecto directo en tu reputación como país y eso afecta directamente, por ejemplo, en las inversiones, porque dejas de ser un país confiable. Nuestro objetivo es que cuando un país prometa sus Contribuciones Nacionales para reducir emisión de gases y no las cumpla, tenga un efecto igual de importante en la reputación de un país». Creo que es un buen ejemplo, pero está claro que es una situación todavía muy lejana.

Otro diplomático me dijo que a pesar de todas las dificultades este «fue un acuerdo mejor del que pudimos imaginar 3 meses antes». Y afirmó que para que la reputación internacional tuviera realmente un peso para influir en las acciones de los Estados es que se creó en el Acuerdo de París la obligación de *accountability* a través de un Balance Global que transparentará el cumplimiento o no de los países sobre sus metas climáticas. Su primera publicación será en 2023 y se repetirá cada 5 años, nutriéndose de los nuevos planes nacionales que deben comprometerse nuevamente en 2025.

Para la entrada en vigencia del Acuerdo, debió ser ratificado (por los Parlamentos) de al menos 55 países, que representan más del 55% de las emisiones mundiales, según fue establecido en el mismo tratado. Y sucedió en tiempo record, ya que entró en vigencia justo un año después de su firma en París, el 4 de noviembre del 2016, a días de la siguiente COP, número 22, que se realizó en Marrakech.

Una de las disposiciones claves del Acuerdo de París fue el establecimiento de programas de financiamiento por 100 mil millones de dólares que los países ricos pondrían a disposición de países en vías de desarrollo para que establezcan proyectos de transición energética y otras medidas de reducción de emisiones. Un paso en la llamada «justicia climática», como tratamos en profundidad en otro capítulo.

Como ven, con sus deficiencias y todo, el Acuerdo de París es decisivo. Por primera vez EE.UU. y China estaban voluntariamente dentro del acuerdo. Todo bien hasta ahí. Pero vino la elección presidencial norteamericana y el triunfo de Donald Trump lo cambió todo. Un negacionista climático, ícono de la estulticia –mezcla de ignorancia y arrogancia– en el poder. Fue así como el 1 de junio del 2017, dentro de sus primeras medidas como presidente, fue el retiro de EE.UU. del acuerdo, diciendo «fui elegido para representar a los ciudadanos de Pittsburgh, no de París»[83].

La salida de Estados Unidos de este acuerdo modificaría drásticamente la capacidad de alcanzar estas metas, ya que al no ratificar el acuerdo, tampoco se autoimpondrá metas climáticas, y el panorama hacia 2100 sería aún peor dada la cantidad de emisión de CO2 y gases de efecto invernadero que representa Estados Unidos, considerando el gráfico que les mostré anteriormente.

La salida de EE.UU. cayó como un balde de agua fría, y, en la práctica, frustró las metas del Acuerdo de París y, a pesar que fue el *peak* de esperanzas, se sumó a

83 Martínez, J. M. A. (2017, 2 junio). Acuerdo de París: Trump retira a EE.UU. del Acuerdo de París contra el cambio climático. Recuperado 24 febrero, 2020, de https://elpais.com/internacional/2017/06/01/estados_unidos/1496342881_527287.html

los 30 años de frustraciones de la comunidad internacional en el combate contra el cambio climático. Todavía el resto de los países puede reducir sus emisiones y con esto intentar frenar la emergencia climática, pero, sin Estados Unidos, ya no se cumplirán las metas globales establecidas.

No hay esperanzas mientras esté en el poder Donald Trump.

JUSTICIA CLIMÁTICA

Ya en la primera COP, en Berlín en 1995, se comenzó a hablar de que los países industrializados que habían logrado su desarrollo a través de medios de producción contaminantes, y que tenían al Planeta en el estado actual, debían financiar a través de cooperación internacional para que países pobres o menos desarrollados lograran avanzar en sus niveles de vida, utilizando obviamente nuevos métodos; esta vez, menos contaminantes.

Nació así el concepto de «Justicia Climática». Es decir, no sería justo que la emergencia climática y las políticas para frenarla, significaran un obstáculo o un retroceso para aquellos países que aún no han logrado mejores niveles de desarrollado. Y, por tanto, son los países ricos los que deben cargar con el peso mayor de remediar la emergencia que su propia industrialización produjo. Como bien dice Greta, «una oportunidad para que los países en vías de desarrollo puedan mejorar sus niveles de vida construyendo algunas de las infraestructuras que nosotros ya disponemos, como carreteras, hospitales, instalaciones eléctricas, etcétera».

Como ya hemos dicho, la responsabilidad de las potencias es ineludible. Desde 1850 al 2005, solo cuatro naciones ricas representan la mitad de la emisiones globales: Estados Unidos (28%), Alemania (10%), Reino Unido (6%) y Japón (4%). Y si consideramos a todos los países de ingresos altos, según el Banco Mundial, llegamos al 64% del total de las emisiones de efecto invernadero[84]. Greta Thunberg agrega que en el caso de Suecia «vivimos como si tuviéramos los recursos de 4,2 planetas. Nuestra huella de carbono es una de las diez peores del mundo. Esto significa que anualmente Suecia roba 3,2 años de recursos naturales a las futuras generaciones»[85].

En las negociaciones internacionales los países en vías de desarrollo hacen ver esto repetidamente: son aquellos países que crecieron a punta de contaminar los que deben pagar hoy la cuenta de las políticas para frenar esta emergencia climática que produjeron.

Un ejemplo es lo que se puede hacer por los bosques. Aquellos países que no son desarrollados deberían recibir la cooperación de los más industrializados, que pagando una tasa impositiva, garanticen un fondo de conservación del bosque nativo, que como ya hemos dicho es un gran captador de CO2.

Pero la justicia climática es más compleja y requiere de otras fórmulas. Sin embargo, eso será materia de otro libro, donde se explorarán soluciones en cuanto a energías renovables, electromovilidad y otros temas.

---

84 Banco Mundial. (2010). World Development Report 2010. Recuperado de https://siteresources.worldbank.org/INTWDR2010/Resources/5287678-1226014527953/WDR10-Full-Text.pdf

85 Thunberg, Greta. *Cambiemos el mundo. Lumen*, Santiago de Chile, 2019. p. 24.

BIBLIOGRAFÍA

———. (1988). -. Documento presentado en Conferencia Mundial sobre la Atmosfera Cambiante. Implicaciones sobre la Seguridad Nacional, Toronto, Canadá.

ABC. (2012, 2 abril). Japón ratifica su negativa a extender el Protocolo de Kioto. Recuperado 14 octubre, 2019, de https://www.abc.es/sociedad/japon-kioto-201012020000_noticia.html

Agencia Estatal de Meteorología y Oficina Española de Cambio Climático. (2018, diciembre). Cambio Climático: Calentamiento Global de 1,5 C°. Recuperado 12 octubre, 2019, de https://www.miteco.gob.es/es/cambio-climatico/temas/el-proceso-internacional-de-lucha-contra-el-cambio-climatico/ipcc_informe_especial_15pdf_tcm30-485656.pdf

Ambrosio, M. D. A. (2015). *Todo lo que necesitas saber sobre el cambio climático*. Buenos Aires, Argentina: Editorial Paidós.

Banco Mundial. (2010). World Development Report 2010: Development and Climate Change. Recuperado 17 septiembre, 2019, de http://documents.worldbank.org/curated/en/201001468159913657/pdf/530770WDR02010101Official0Use0Only1.pdf

Barros, V. B. (2005). *El Cambio Climático Global*. Buenos Aires, Argentina: Libros de Zorzal.

BBC Mundo. (2015, 12 diciembre). COP21: aprueban histórico acuerdo contra el cambio climático en la cumbre de París. Recuperado 10 octubre, 2019, de https://www.bbc.com/mundo/noticias/2015/12/151211_cumbre_clima_paris_cop21_acuerdo_az

BBC Mundo. (2017a, 5 junio). ¿Cuales son los países donde los autos eléctricos tienen más éxito? Recuperado 11 octubre, 2019, de https://www.bbc.com/mundo/noticias-40136231

BBC Mundo. (2017b, 12 marzo). ¿Sabes cuál es la industria más contaminante después de la del petróleo? Recuperado 17 octubre, 2019, de https://www.bbc.com/mundo/noticias-39194215

Chong, E. C. (2017, 27 noviembre). Simulaciones muestran cómo alza del nivel del mar inundaría costas de ciudades de Chile. Recuperado 25 febrero, 2020, de https://www.latercera.com/noticia/simulaciones-muestran-alza-del-nivel-del-mar-inundaria-costas-ciudades-chile/

CONICYT (2006, 14 septiembre). Descubren que Krill Antártico captura importantes cantidades de carbono. Recuperado 10 octubre, 2019, de https://www.conicyt.cl/fondef/2006/09/14/descubren-que-krill-antartico-captura-importantes-cantidades-de-carbono/

Cossio, H. C., & Saavedra, N. S. (2019, 11 octubre). El lobby detrás de la Ley de Glaciares: el proyecto que vive en estado de congelamiento perpetuo. Recuperado 11 diciembre, 2019, de https://www.elmostrador.cl/destacado/2019/10/11/el-lobby-detras-de-ley-de-glaciares-el-proyecto-que-vive-en-estado-de-congelamiento-perpetuo/

Disclousure Insight Action. (2017, 10 julio). New report shows justo 100 companies are source of over 70% of emissions. Recuperado 15 septiembre, 2019, de https://www.cdp.net/en/articles/media/new-report-shows-just-100-companies-are-source-of-over-70-of-emissions

Discovering Antarctica. (s.f.). Impacts of Climate Change. Recuperado 10 octubre, 2019, de https://discoveringantarctica.org.uk/challenges/sustainability/impacts-of-climate-change/

EFE, E. F. E. (2011, 19 diciembre). Rusia dice que el Protocolo de Kioto no responde a sus objetivos. Recuperado 17 septiembre, 2019, de https://www.elespectador.com/noticias/elmundo/rusia-dice-el-protocolo-de-kioto-no-responde-sus-objeti-articulo-317545

El Clarín. (2018, 16 octubre). Las seis frases más impactantes de Donald Trump durante su entrevista con el programa 60 minutos. Recuperado 17 septiembre, 2019, de https://www.clarin.com/mundo/frases-impactantes-donald-trump-entrevista-programa-60-minutos_0_KwUtsy_HX.html

El Mundo. (2007, 4 junio). El deshielo de polos y glaciares afectará a millones de personas. Recuperado 10 octubre, 2019, de https://www.elmundo.es/elmundo/2007/06/04/ciencia/1180958697.html

El País. (2019, 20 septiembre). Entrevista Greta Thunberg, símbolo de las protestas por el Clima [Video de Youtube]. Recuperado 16 octubre, 2019, de https://www.youtube.com/watch?v=SA9g_HUhOdo

Elena, E. (2018, 10 mayo). Deforestación y su íntima conexión con el cambio climático. Recuperado 15 octubre, 2019, de https://paris2015cop21.org/deforestacion-conexion-cambio-climatico/

Escudero, M. I. E., & Scheelje, J. M. S. B. (2003). El Cambio Climático Principales Causantes, Consecuencias, y Compromisos de los Países Involucrados. Recuperado 11 octubre, 2019, de http://www.fao.org/3/XII/0523-B2.htm

Faus, J. F. (2017a, 2 junio). ¿Qué opina Trump sobre el cambio climático? Recuperado 16 septiembre, 2019, de https://elpais.com/internacional/2017/06/01/estados_unidos/1496343144_186083.html

Faus, J. F. (2017b, 2 junio). ¿Qué opina Trump sobre el cambio climático? Recuperado 10 octubre, 2019, de https://elpais.com/internacional/2017/06/01/estados_unidos/1496343144_186083.html

Flores, J. F. (2018, 22 noviembre). Trump vuelve a negar el cambio climático. Y los científicos responden. Recuperado 15 septiembre, 2019, de https://www.nationalgeographic.com.es/ciencia/actualidad/trump-vuelve-a-negar-cambio-climatico-y-cientificos-le-responden_13534

Grupo Gubernamental de Expertos sobre el Cambio Climático. (2014). Industry. Recuperado 12 octubre, 2019, de https://www.ipcc.ch/site/assets/uploads/2018/02/ipcc_wg3_ar5_chapter10.pdf

Grupo Intergubernamental de Expertos sobre el Cambio Climático (IPCC). (2019, 25 septiembre). Las decisiones que adoptemos ahora son fundamentales para el futuro de los océanos y la criosfera. Recuperado 30 septiembre, 2019, de https://www.ipcc.ch/site/assets/uploads/sites/3/2019/09/SROCC_PressRelease_ES.pdf

Grupo Intergubernamental de Expertos sobre el Cambio Climático. (s.f.). COP21: un acuerdo histórico. Recuperado 10 octubre, 2019, de https://www.sostenibilidad.com/cambio-climatico/cop21-un-acuerdo-historico/

Grupo Intergubernamental de Expertos sobre el Cambio Climático. (2013, 30 agosto). Ficha informativa del IPCC: ¿Cómo selecciona el IPCC a sus autores? Recuperado 10 octubre, 2019, de http://www.ipcc.ch/site/assets/uploads/2018/04/FS_select_authors_es.pdf

Grupo Intergubernamental de Expertos sobre el Cambio Climático. (2019). Las decisiones que adoptemos ahora son fundamentales para el futuro de los océanos y la criosfera. Recuperado 25 septiembre, 2019, de https://www.ipcc.ch/site/assets/uploads/sites/3/2019/09/SROCC_PressRelease_ES.pdf

Guadagni, A. A. G. (2017). *El cambio Climático, un desafío global.*, Argentina: Editoral El Ateneo.

Gómez, M. G. (2019, 21 julio). Más fenómenos meteorológicos extremos en el futuro. Recuperado 15 octubre, 2019, de https://www.nationalgeographic.com.es/ciencia/actualidad/tendremos-mas-fenomenos-meteorologicos-extremos-futuro_13378

Instituto Antártico Chileno. (2018). *Enciclopedia Visual Antártica*. Santiago de Chile, Chile: INACH y Negro Editores.

Intergovernmental Panel on Climate Change. (s.f.). About the IPCC. Recuperado 10 octubre, 2019, de https://www.ipcc.ch/about/

Intergovernmental Panel on Climate Change. (2013, 30 agosto). Ficha informativa del IPCC: ¿Qué es el IPCC? Recuperado 10 octubre, 2019, de https://www.ipcc.ch/site/assets/uploads/2018/04/FS_what_ipcc_es.pdf

La Vanguardia. (2017, 2 junio). Ocho frase de Donald Trump para argumentar la retirada del Acuerdo de París. Recuperado 17 septiembre, 2019, de https://www.lavanguardia.com/internacional/20170602/423136902689/donald-trump-frases-acuerdo-de-paris.html

La Vanguardia. (2020, 13 enero). Los incendios en Australia arrasan más de 10 millones de hectáreas, el equivalente a la superficie de Hungría. Recuperado 24 febrero, 2020, de https://www.lavanguardia.com/internacional/20200113/472863762399/incendios-australia-10-millones-hectareas-superficie-hungria.html

Martínez, J. M. A. (2017, 2 junio). Acuerdo de París: Trump retira a EE.UU. del Acuerdo de París contra el cambio climático. Recuperado 24 febrero, 2020, de https://elpais.com/internacional/2017/06/01/estados_unidos/1496342881_527287.html

Mills, A. M. (2019, 19 septiembre). Over 2000 scientists across the globe pledge to join today's climate strike. Recuperado 10 octubre, 2019, de https://www.nationofchange.org/2019/09/19/over-2000-scientists-across-the-globe-pledge-to-join-tomorrows-climate-strike/

Naciones Unidas. (2014, 3 febrero). El calentamiento del clima es indiscutible, reafirman expertos. Recuperado 10 octubre, 2019, de http://www.onu.cl/es/el-calentamiento-del-clima-es-indiscutible-reafirman-expertos/

Naciones Unidas. (2019, 15 octubre). El costo ambiental de estar a la moda. Recuperado 17 octubre, 2019, de https://news.un.org/es/story/2019/04/1454161

Organización de las Naciones Unidas para la Agricultura y la Alimentación. (2006, 29 noviembre). La ganadería amenaza el medio ambiente. Recuperado 11 octubre, 2019, de http://www.fao.org/newsroom/es/news/2006/1000448/index.html

Organización de las Naciones Unidas para la Alimentación y la Agricultura. (s.f.). Consecuencias del cambio climático. Recuperado 9 octubre, 2019, de http://www.fao.org/3/i2498s/i2498s04.pdf

Bibliografía

Organización de las Naciones Unidas para la Alimentación y la Agricultura. (2012, 22 marzo). Día Mundial del Agua: se requieren 1.500 litros de agua para generar un kilo de carne, señala la FAO. Recuperado 10 diciembre, 2019, de http://www.fao.org/americas/noticias/ver/es/c/229495/

Organización Meteorológica Mundial. (2019a, 22 septiembre). El clima mundial: entre 2015 y 2019 se ha acelerado el cambio climático. Recuperado 10 octubre, 2019, de https://public.wmo.int/es/media/comunicados-de-prensa/el-clima-mundial-entre-2015-y-2019-se-ha-acelerado-el-cambio-climático

Organización Meteorológica Mundial. (2019b). The Global Climate in 2015-2019. Recuperado 10 octubre, 2019, de https://library.wmo.int/doc_num.php?explnum_id=9936

Panelles, M. P., & Cañas, G. C. (2015, 1 diciembre). EE UU y China dan un impulso vital al pacto por el clima. Recuperado 10 octubre, 2019, de https://elpais.com/internacional/2015/11/30/actualidad/1448883485_175786.html

Peña, K. P. (2019, 3 octubre). Cerca de 200 glaciares han desaparecido en Chile producto del cambio climático. Recuperado 10 octubre, 2019, de https://www.df.cl/noticias/empresas/medio-ambiente/cerca-de-200-glaciares-han-desaparecido-en-chile-producto-del-cambio/2019-10-02/203818.html

República Glaciar. (s.f.). República Glaciar-Todo sobre los glaciares en Chile. Recuperado 11 octubre, 2019, de https://www.republicaglaciar.cl/#Importancia_de_los_glaciares

Symonds, A. S. (2019, 24 agosto). Lo que debes saber sobre el incendio en el Amazonas. Recuperado 9 octubre, 2019, de https://www.infobae.com/america/the-new-york-times/2019/08/24/lo-que-debes-saber-sobre-el-incendio-en-el-amazonas/

Tapia, A. T. (s.f.). Aumento de la temperatura en la Tierra: ¿un futuro apocalíptico? Recuperado 9 octubre, 2019, de https://www.vix.com/es/btg/curiosidades/4889/aumento-de-la-temperatura-de-la-tierra-un-futuro-apocaliptico

The Clinic. (2019, 24 septiembre). Así respondió Greta Thunberg al sarcasmo que le lanzó Trump tras emotivo discurso. Recuperado 10 octubre, 2019, de https://www.theclinic.cl/2019/09/24/asi-respondio-greta-thunberg-al-sarcasmo-que-le-lanzo-trump-tras-emotivo-discurso/

The Guardian. (2019, 19 septiembre). Greta Thunberg and George Monbiot make short film on climate crisis - video. Recuperado 9 octubre, 2019, de https://www.theguardian.com/environment/video/2019/sep/19/

greta-thunberg-and-george-monbiot-make-short-film-on-solutions-to-the-climate-crisis-video

Thunberg, G. T. (2019). *Cambiemos el mundo*. Santiago de Chile, Chile: Lumen.

Time Magazine. (s.f.). The 50 Best Inventions of 2009. Meat Farms. Recuperado 24 febrero, 2020, de http://content.time.com/time/specials/packages/article/0,28804,1934027_1934003_1933982,00.html

Trump, D. T. (2019, 23 septiembre). Donald J. Trump on Twitter [Twitter]. Recuperado 10 octubre, 2019, de https://twitter.com/realDonaldTrump/status/1176339522113679360?s=20

Weir, B. W. (2019, 20 septiembre). Greta Thunberg, la sabia adolescente de la crisis climática. Recuperado 16 octubre, 2019, de https://cnnespanol.cnn.com/2019/09/20/greta-thunberg-crisis-climatica-adolescente-sabia/

Este libro se terminó de imprimir
en Santiago de Chile,
octubre de 2021

Teléfono: 22 22 38 100 / ril@rileditores.com

Se utilizó tecnología de última generación que reduce
el impacto medioambiental, pues ocupa estrictamente
el papel necesario para su producción, y se aplicaron
altos estándares para la gestión y reciclaje de desechos
en toda la cadena de producción.

Made in United States
North Haven, CT
17 October 2026

20543561R00062